AF543827

natürlich oekom
nachhaltig seit 1989

Bibliografische Information der Deutschen Nationalbibliothek:
Die Deutsche Nationalbibliothek verzeichnet diese Publikation in der Deutschen Nationalbibliografie; detaillierte bibliografische Daten sind im Internet über www.dnb.de abrufbar.

oekom – Gesellschaft für ökologische Kommunikation mbH
Goethestraße 28, 80336 München

Layout und Satz: Reihs Satzstudio, Lohmar
Korrektur: Maike Specht
Umschlaggestaltung: Sarah Schneider, oekom verlag
Umschlagabbildung: © Christoph M. Scheuren
Druck: CPI books GmbH, Leck

ISBN: 978-3-98726-074-2
https://doi.org/10.14512/9783987263118

Christoph M. Scheuren

Corporate Forestry

Was Manager:innen
von Förster:innen lernen können

Inhaltsverzeichnis

Einleitung

Ich liebe es, im Wald zu sein. Der Wald entspannt, inspiriert und hilft mir, Dinge klarer zu sehen.

Nachhaltigkeit ist zugleich Modewort und Megatrend moderner Unternehmensführung. Viele Unternehmen schmücken sich damit wie mit einer Trophäe. Es klingt irgendwie modern und ist in aller Munde – und wird geradezu in jedem Unternehmensprofil verlangt. Neulich warb gar eine Werbebroschüre für nachhaltige Autoversicherungen. Selbst wenn für jeden im Jahr gefahrenen Kilometer ein Hektar Rotbuche gepflanzt würde, erscheint mir doch ein solches Attribut für eine Autoversicherung sehr konstruiert. Allerdings zeigt es einmal mehr, welche gedanklichen Klimmzüge unternommen werden, um das vermeintliche Modewort irgendwie in Verbindung mit dem eigenen Unternehmen oder dem eigenen Produkt zu bringen. Aber wie modern ist es wirklich, und was bedeutet es tatsächlich?

Manager:innen eines sehr traditionsreichen Wirtschaftszweiges arbeiten seit fast zweihundert Jahren nach diesem Prinzip und haben es über Generationen immer weiter verfeinert. Der Titel dieses Buches verrät es Ihnen bereits: Es handelt sich um die Forstwirtschaft und als deren wissenschaftlichem Unterbau die Forstwissenschaft.

Als jemand, der in beiden Bereichen viele Jahre gearbeitet und Erfahrungen gesammelt hat, habe ich immer wieder bei der jeweils anderen Disziplin »abgucken« können, um Probleme zu lösen, besser zu organisieren und mein Handeln effizienter zu machen. Immer dann, wenn es in Strategiebesprechungen um das Thema Nachhaltigkeit ging, konnte ich oft mit Berichten aus »forstlicher Perspektive« neue Impulse geben.

Wenn es darum geht, Strategiepläne mit vielen Unbekannten aufzustellen, ist die Aufgabe mindestens genauso schwer, wie einen Wirtschaftsplan für einen Wald aufzustellen, dessen jährlichen Zuwachs die Forstleute letztlich nur schätzen können und dessen mittel- und langfristige Entwicklung – Stichwort Klimawandel – gerade heute nur sehr schwer vorauszusagen ist. Eine wesentliche Erkenntnis, die jedem:r Revierförster:in schon im ersten Berufsjahr anlässlich der zeitlichen Perspektiven, in denen ein Forstrevier bewirtschaftet und beplant wird, nur allzu bewusst wird, ist die Endlichkeit des eigenen Handelns. Nur wenn ich die Arbeit meiner Vorgänger:innen verstehe, schätze und weiterführe und mein eigenes Handeln so ausrichte, dass sich meinen Nachfolger:innen »der tiefere Sinn« erschließt, fangen wir nicht alle nach etwa dreißig Jahren wieder von vorne an, weil wir die Arbeit der vergangenen Jahre als »völlig falsch und altmodisch« abqualifizieren. Solch ein Denken wäre auch nach forstwirtschaftlichen Maßstäben nicht nachhaltig. Gleichwohl ist auch die Forstwirtschaft vor solchen Denkfehlern und vorschnellen Urteilen nicht sicher, wenn zum Beispiel sogenannte Fichtenplantagen verteufelt und über die vermeintliche Kurzsichtigkeit der Altvorderen nur allzu oft mitleidig und etwas überheblich der Kopf geschüttelt wird. Unterm Strich aber lehrt die Forstwirtschaft, dass die jeweiligen Bewirtschafter:innen mehr Verwalter:innen denn »Alles-neu-Macher:innen« sind. Verwalten heißt allerdings auch Pflegen und Gestalten, sonst wird aus dem angeblichen Bewahren schnell ein Zerstören.

Gerade diese Erkenntnis der Endlichkeit eigenen Handelns musste ich als Manager eines Elektronikkonzerns allzu schmerzlich am eigenen Leib erfahren und lernen oder – fast noch schlimmer – bei großen Konzernumstrukturierungen gefühlt hilflos mitansehen, wie die sprichwörtlichen alten Zöpfe abgeschnitten wurden, vielleicht einfach nur, weil es alte Zöpfe waren und ein neues Management schnelle Erfolge, mindestens aber raschen Aktionismus für die Aktionäre und Märkte zeigen musste.

Machen wir einen schnellen Perspektivwechsel: Stellen Sie sich einmal ein Forstrevier vor, das nach vierzig Jahren der Bewirtschaftung durch eine erfahrene Revierleiterin von einer jungen und vor neuen Ideen sprudelnden Försterin übernommen wird. Nehmen wir außerdem an, dass mittlerweile anerkannte Lehrmeinung ist – was mitnichten der Fall ist – , dass der Anbau von Fichten geradezu vom Leibhaftigen selbst befördert wird. Wird die junge Försterin nun hingehen und im ersten Jahr alle Fichtenbestände in ihrem Revier niedermähen lassen? Ich denke, Ihr Gefühl gibt Ihnen bereits die richtige Antwort: nein. Aber warum nicht? Mal abgesehen von gesetzlichen Grenzen solcher Radikalmaßnahmen scheint dieser mysteriöse Begriff der Nachhaltigkeit hier wiederum eine Rolle zu spielen.

Nehmen wir nun ein anderes Unternehmen, das nicht den Anbau und Verkauf von Holz betreibt. Was, meinen Sie, ist häufig das Erste, was ein neues Management tut, wenn der erste Arbeitstag begonnen hat? Richtig, Radikalmaßnahmen ausrufen. Je radikaler, desto besser. Produktlinien werden »auf den Prüfstand« gestellt, Vertriebswege hinterfragt und persönliche Kompetenzen des nachgeordneten Managements sowieso – all das natürlich verbunden mit beschwichtigenden oder manchmal motivierend gemeinten Mitteilungen an die Beschäftigten, dass nun einmal der sprichwörtliche Gürtel enger zu schnallen sei und Opfer, die nicht etwa das neue Management, sondern »der Markt« fordere, gebracht werden müssten. Diese Aussagen werden zur Beschwichtigung der Gewerkschaften noch mit dem Zauberwort »sozialverträglich« garniert – und los geht's. Wie lange?

Wie im Forstrevier die nächsten vierzig Jahre, bis die eigene Pensionierung ansteht? Ein Managementzyklus, der zehn Jahre überschreitet, ist bereits äußerst langfristig, so viel Zeit bleibt, mit Ausnahme familiengeführter Unternehmen, den allerwenigsten angestellten Manager:innen.

Bedeutet das nun, dass ich hier der Langfristigkeit um jeden Preis das Wort rede? Ganz und gar nicht. Ich weiß, dass die Wirtschaftszyklen jenseits der Forstwirtschaft deutlich kürzer und manchmal in ihren äußeren Einflüssen ähnlich dramatisch wie der Klimawandel sind. Nehmen Sie nur einmal die Auswirkungen der unaufhaltsam voranschreitenden Elektromobilität auf die heimische Autoindustrie, die nahezu ein Jahrhundert lang mit großem Erfolg den Verbrennungsmotor gehegt, gepflegt und zu technologischen Höchstleistungen gebracht hat. Mein Anliegen ist es jedoch, Gedanken, Ideen und Impulse aus meiner forstlichen Erfahrung in »die andere Welt« hineinzutragen, um ein neues – hoffentlich nachhaltiges – Verständnis von Nachhaltigkeit behutsam keimen und wachsen zu lassen.

Ich wünsche Ihnen viel Freude beim Lesen und freue mich auf Ihre kritischen Anmerkungen!

1

Nachhaltigkeit

Der Siegeszug einer neuen Idee?

Schließen Sie bitte für einen Moment die Augen, und stellen Sie sich einen der großen Nadelwälder unserer Republik vor, den Harz zum Beispiel oder das Erzgebirge. Einmal abgesehen von den Teilen, an denen sich mehrere Generationen des Borkenkäfers gütlich getan haben, schweift Ihr inneres Auge über ein dichtes Kronendach Tausender Fichten.

Anfang des 18. Jahrhunderts sah das deutlich anders aus – und nein, ich meine keine Urwaldromantik, verbunden mit einer gebetsmühlenartigen Verteufelung der sogenannten Plantagenwirtschaft, die es streng genommen nach heutigen Maßstäben gar nicht war. Was ich meine, ist, dass ebendiese Fichtenbestände eine der ersten noch heute sichtbaren Maßnahmen nachhaltiger Forstwirtschaft ist. Einer der Pioniere der nachhaltigen Forstwirtschaft, Hans Carl von Carlowitz (1645–1714), Jurist und Sohn eines Oberforstmeisters, kam weniger aus ökologischen denn aus wirtschaftlichen Erwägungen als Oberberghauptmann zu der Erkenntnis, dass der damals noch mehr als heute so wichtige Rohstoff Holz nicht nur entnommen, also gefällt, sondern auch bewirtschaftet werden müsse, und zwar in einer Art und Weise, die es ermöglicht, dass auch »für später etwas übrigbleibt«, also etwas zurück- oder nachgehalten wird. Schon im Untertitel seines 1713 kurz vor seinem Tod erschienenen Werks *Sylvicultura*

Oeconomica – Oder Haußwirthliche Nachricht und Naturgemäße Anweisung zur Wilden Baum-Zucht formulierte Carlowitz das Ziel seiner Prinzipien, nämlich »ganz öde und abgetriebene Holz-Ländereien, Plätze und Orte widerum Holzreich, nütz und brauchbar zu machen«. Wenngleich der Forstwirtschaft sein Hauptaugenmerk galt, so war ihm selbst offenbar bereits bewusst, dass das von ihm proklamierte Bewirtschaftungssystem durchaus universell war, denn er schrieb weiter, dass seine Vorgaben auch jedem »Hauß-Wirthe zuunschätzbaren großen Auffnehmen / pfleglich und füglich zu erziehen und einzuführen« taugen. Übersetzt in unsere heutige Sprache bedeutet das in etwa: … auch wertvolle Anregungen und Impulse für die Betriebs- und (öffentliche) Haushaltsführung gibt.

Damit war der Begriff der Nachhaltigkeit und der nachhaltigen Bewirtschaftung gleichsam geboren oder zumindest einmal formuliert, auch wenn Carlowitz den Siegeszug seiner Ideen selbst nicht mehr erlebte. Die dampfenden Siedepfannen der Salzsieder, die schmauchenden Meiler der Köhler, um den ungehemmten Bedarf an Holzkohle für Schmelzöfen zu befriedigen, und der Hunger nach stabilem Holz zur Sicherung der Bergbaustollen und letztlich Brennholz zum Heizen und Kochen, all das sollte der heimische Wald bedienen, und zwar möglichst gleichzeitig und in einem fort. Das Hier und Jetzt war entscheidend. Fortschritt forderte ständigen Nachschub, und langfristige Planung war – könnte man sagen – noch nicht erfunden. Die bis zur Industrialisierung geläufigen Planungszeiträume gingen höchstens über die landwirtschaftlichen Fruchtfolgen, also etwa fünf Jahre. Die Planungsannahmen, -bedürfnisse und -beschränkungen mussten sich erst einmal entwickeln.

Leider hat es der Gedanke der Langfristigkeit zunächst nicht in die Planungstheorien des beginnenden Industriezeitalters geschafft. Das passiert mit deutlicher Verzögerung gerade jetzt erst wieder. Stichworte dafür sind Circular Economy oder Kreislaufwirtschaft.

Kommt Ihnen das irgendwie bekannt vor? Es mag eine drastische Vereinfachung der Zusammenhänge und damaligen Bedürfnisse sein. Eines aber zeigt dieser kurze Blick in den Rückspiegel dennoch: Die Forstwirtschaft hat selbst lernen müssen, dass es nicht nur um die vorbehaltlose Ernte und Versorgung geht, sondern auch darum, sich darüber Gedanken zu machen, wie die Folgen des eigenen Wirtschaftens aussehen und mit welcher Systematik gesichert werden kann, dass auch nachfolgende Generationen noch wirtschaften können, um nicht eines Tages nur noch vor Steppenlandschaft und wildem Brombeerurwald zu stehen, vielleicht immerhin mit einem leisen Kopfschütteln. Außerdem: Nachhaltigkeit ist als Wirtschaftsprinzip erfunden worden. Seine Umsetzung in modernen Unternehmen bringt also damit lediglich etwas zusammen, was immer schon – manchmal vernachlässigter – Teil des Systems gewesen ist.

Andernorts, nämlich in Schottland, war die Erkenntnis, der fortschreitenden Entwaldung *(Deforestation)* Einhalt zu gebieten, schon zu Beginn des 16. Jahrhunderts gereift. Aus verschiedenen historischen und wirtschaftlichen Gründen verfing diese Initiative allerdings nicht dauerhaft. Schiffbau und Industrialisierung taten dann ihr Übriges und formten am Ende das, was wir nun als die »typische« schottische Landschaft kennen. Dieses einstmals bestehende und nahezu vollständig zerstörte System erneut aufzubauen – von einer »Wiederherstellung« kann nicht die Rede sein – ist eine Aufgabe für mehr als eine Generation.

Wie aber ging es weiter? Eines der Probleme der Nachhaltigkeit – jedenfalls bei so behäbigen oder auch andächtigen Wesen wie Bäumen – ist, dass wir die Folgen unseres Tuns meistens selbst nicht mehr sehen und damit nicht mit unseren Sinnen begreifen können. Sehen, begreifen und fühlen können sie dafür umso mächtiger die kommenden Generationen zu einer Zeit, in der wir als Verursacher bereits den sprichwörtlichen Weg alles Irdischen gegangen und zu Biomasse geworden sind. Das Einzige, was ich selbst noch zu meinen Lebzeiten sehen kann, sind die Folgen nicht nachhaltigen Wirtschaftens – vulgo die Zerstörung. Diese Eindrücke brennen sich ein und liefern damit keine besonders erstrebenswerte Kulisse für den letzten Akt des Lebens. Die Zerstörung ist nämlich erst einmal gekommen, um zu bleiben. Sie ist also auf ihre eigene perfide Weise selbst nachhaltig im Sinne von dauerhaft – und zwar hartnäckig.

In diesem Drastischen findet sich auch etwas Gutes und Motivierendes. Ich selbst bin hierbei lediglich ein kleiner, vielleicht nur minimaler bestimmender Faktor, aber ich bin immerhin einer. Um es zu ändern, arbeite ich in einem virtuellen und generationenüberspannenden Team mit denjenigen, die mein Werk einst fortführen wollen und müssen. Ein Teammeeting mit der Zukunft ist allerdings schwer möglich. Damit bleibt mir nur, eine Strategie zu entwickeln, die mich gleichsam vorwegnehmen lässt, was Nachfolgende wohl verstehen mögen. Es muss ein universeller Code sein für diese Kommunikation mit der Zukunft. Allerdings muss ich eine Sprache wählen, die auch in hundert Jahren nicht nur verständlich ist, sondern auch verstanden wird. So gerne ich in forstlichen Lehrbüchern aus dem ausgehenden 19. Jahrhundert lese, so wenig sprechen sie wirklich zu mir. Was viel mehr zu mir spricht, ist das, was ich in den Wäldern sehe, also die Handlungen, deren Nachwirkungen ich jetzt sehen, begreifen oder zumindest interpretieren kann.

Nehmen wir eine prächtige Buche mit ausladender, im Sommer grüner Krone, im Winde rauschenden Blättern und viel Platz zur Entfaltung um sich herum. So schön dieses Bild ist, was erzählt es uns, abgesehen davon, dass es – außer während eines Sturms – immer beruhigend ist, einem großen Baum nahe zu sein? Mit ein bisschen Detektivarbeit, weil ich beispielsweise den einen oder anderen Baumstumpf in der Nähe entdecke, vielleicht schon bedeckt von Laub und Humus, oder weil ein paar hundert Meter weiter eine ebenso prächtige Kollegin der eben beschriebenen Buche steht, erschließe ich mir, dass es sich bei diesen Bäumen offenbar um sogenannte Z-Bäume oder Zukunftsbäume handelt, die Forstleute vor mir bereits gehegt und gepflegt haben, indem sie allzu hungrige oder aufdringliche Konkurrenzbäume aus dem Weg geräumt haben, damit mehr Nahrung und Licht für das Nachwuchstalent zur Verfügung standen. Oft stehe ich dort und überlege mir, was meine Vorgänger:innen sich wohl gedacht haben, als sie die letzte Durchforstung dieses Bestands vorgenommen haben.

Manchmal gibt es sie noch, die Försterdynastien, in denen der Beruf und damit die Pflege für ein Revier gleichsam in der Familie vererbt werden. Hier könnte man vielleicht noch fragen oder sich an die Geschichten des Großvaters bei ersten gemeinsamen Reviergängen erinnern. Vielleicht mache ich demnächst auch einfach mal eine Videodokumentation meiner nächsten Pflegemaßnahme und hoffe darauf, dass sie in zweihundert Jahren noch jemand öffnen kann. Noch besser aber ist es, aufmerksam zu beobachten, um das Gewesene nachzuvollziehen und eigene Handlungen klar und in universell verständlicher Formsprache umzusetzen. Zurück zu unserer Buche, bedeutet es, dass ich entweder die Förderung fortsetze oder dass ich mich bewusst dagegen entscheide, indem ich nunmehr jeden Eingriff in die Umgebung sein lasse oder vielleicht sogar kleine »Futterneider«, also andere Pflanzen, in die unmittelbare Umgebung pflanze, um eine neue Generation heranzubilden.

So ähnlich hat es auch ein weiterer Pionier der nachhaltigen Forstwirtschaft, Johann Georg von Langen (1669–1776), gemacht. Seine Idee war, zu untersuchen und damit berechenbar zu machen, welche Ressourcen ihm über die Zeit – sozusagen automatisch – wieder zur Verfügung stehen würden; damit erzeugte er Planbarkeit. Einem möglichen Verbrauch, gemessen am Bedarf, wurde ein Grundbestand an Zuwachs gegenübergestellt. Damit war zunächst der Grenzwert zum Raubbau festgelegt. Alle darüber hinausgehenden Maßnahmen zur Förderung eines Bestands dienten der Beschleunigung oder Verbesserung der Startbedingungen. So führte die bessere Versorgung mit Nährstoffen und Licht zu besserer Holzqualität – Forstleute sprechen von Sortimenten.

So war ein System etabliert, mit dem – bis auf bewusste Entscheidungen wie Rodungen zur Veränderung der Bodennutzung – die nachfolgenden Generationen in den allermeisten Fällen mehr, jedenfalls aber nicht weniger bekamen, als einem selbst zum Zeitpunkt t0 übergeben worden war. Der Mehrwert im wahrsten Wortsinn liegt auf der Hand, und zwar so deutlich, dass sich – ohne Kenntnis der Vorgeschichte, die Sie jetzt als Wissensvorsprung haben – eine solche Art der Waldbewirtschaftung geradezu aufdrängt. Es fühlt sich an, als sei es immer so gewesen. Weit gefehlt! Das System war nur so unschlagbar erfolgreich, dass es sich so anfühlt, als sei es gleichsam selbst natürlich. Ein Bewirtschaftungssystem war freilich erst deswegen erforderlich, weil die Bedürfnisse und Ansprüche an den Wald und seine Produktionskraft im Vergleich zur vorindustriellen Zeit deutlich gestiegen sind. Indigene Gesellschaften, die mit, im und vom Wald leben, müssen nicht erst darüber nachdenken oder gar ein System entwickeln, das festschreibt, dem Wald nur so viel zu entnehmen, wie er selbst wieder in der Lage ist zu reproduzieren.

Fragen Sie sich deshalb auch für Ihr eigenes Unternehmen oder auch ganz privat für sich selbst, was Ihnen zum Zeitpunkt t0 übergeben wurde, wie viel davon bei behutsamer Pflege und der Abwesenheit von Katastrophen – dazu später mehr – jährlich oder über einen frei bestimmbaren Zeitraum betrachtet hinzukommt. Die entscheidende Frage zum Schluss ist dann, was Sie tun können, damit es zukünftig idealerweise mehr, jedenfalls aber nicht weniger wird. Die Antworten auf diese Fragen sind bereits der erste Schritt in Richtung einer nachhaltigen oder nachhaltigeren Unternehmensführung und damit auch ganz automatisch eines nachhaltigeren Lebens.

Nachhaltigkeit ist allerdings auch in der Forstwirtschaft kein Wert an sich, sondern eher eine Mischung aus Unternehmensphilosophie und Bewirtschaftungsziel. Sie tritt deshalb in vielen Formen in Erscheinung, die über die Jahrhunderte immer weiter verfeinert worden sind.

Ein anschauliches Beispiel, weil es aufgrund seiner scheinbaren »Natürlichkeit« oft im Verborgenen bleibt, ist der sogenannte Plenterwald. Ziel dieses sogenannten Dauerwaldes, in dem Sie auch das englische *plenty*, also »reichlich« entdecken können, ist, dass durch behutsame Eingriffe und Förderung der nachwachsenden Baumgenerationen (Naturverjüngung) ein dauerhafter Hochwald geschaffen wird, aus dem nur behutsam und über längere Zeiträume die stärksten Bäume entnommen werden. Diese Form ist bei allem scheinbar natürlichen Aussehen das Ergebnis der zielgerichteten Bewirtschaftung und damit selbst bereits ein Kunstwald. Würde der Wald ohne menschlichen Eingriff sich selbst überlassen, würde sich sehr wahrscheinlich nicht auf Anhieb ein dauerhafter Hochwald oder Urwald entwickeln, dafür bräuchte es viele Generationen und stabile Standortsbedingungen (Förster:innen verwenden gern das Fugen-s, sagen also »Standortsbedingungen«), die in Zeiten dramatischer Klimaveränderungen gerade nicht gegeben sind. Aller Wahrscheinlichkeit nach würden sich zunächst verschiedene Zwischenformen ausbilden, die dann erst einmal wieder in sich zusammenstürzen, um dann selbst einem stabilen Zustand entgegenzustreben. Sie merken an meinen bewusst vagen Ausführungen: Wir wissen es nicht, und die Erfahrungen, die wir bisher in den Nationalparks gemacht haben, reichen als Datengrundlage noch nicht aus, um sicher vorherzusagen, wie ein Wald ohne Menschen aussieht.

Bei einem Familienurlaub im Allgäu zog es uns in ausgedehnten Spaziergängen immer wieder in die heimeligen Wälder des Alpenvorlands. Wer mit wachen Augen durch die Natur und durch unsere Wälder geht, wird bald erkennen, wie sehr Wald Kulturlandschaft im durchaus positiven Sinne ist. Jede Region hat nicht nur bedingt durch die unterschiedlichen Standortsbedingungen ihren eigenen Wald, sondern auch durch die Art seiner Bewirtschaftung. So ging ich denn, beseelt von einer gewissen Försterromantik, die sich bei aller Technisierung zuweilen meiner bemächtigt, mit Herrn Schröder, meinem Hund, einem Kleinen Münsterländer, durch einen Buchen-Tannen-Mischwald in der Nähe von Füssen im Allgäu, und mit einem Mal war ich wie vom Donner gerührt, als mir die Erkenntnis kam, dass es hier fast so aussah wie in einem gut und geschmackvoll dekorierten Wohnzimmer. Kennen Sie das? Sie sind zu Besuch bei Bekannten und haben den Eindruck, dass es wie in einer Einrichtungszeitschrift aussieht. Es ist nicht klinisch rein, das wäre ja ungemütlich, aber auch nicht vollkommen chaotisch. Hie und da liegt also eine aufgeschlagene Zeitschrift auf einem Lesetisch neben einem Sessel, Gläser und Karaffe stehen wie zufällig passend auf einem wuchtigen, aber stylischen Holztisch, und Sie merken, hier hat jemand »gedreht«, aber auf eine sehr behutsame Art und Weise. So ist es im Grunde auch im Plenterwald. Was wir sehen, ist ein Hochwald mit einigen Großen, aber auch zahlreichen Emporkömmlingen, scheinbar zufällig verteilt. Ebenso Unterholz, zuweilen sogar auch umgestürzte Bäume und damit Totholz für andere wichtige Bewohner des Waldes. Die Plenterwirtschaft ist bei Waldbauern, die ihren Wald von Generation zu Generation weitergeben und in der Familie bewirtschaften, sehr verbreitet. Wie ich finde, ein perfektes Beispiel für eine nachhaltige Bewirtschaftung mit einem gewissen Understatement. Einer meiner forstlichen Lehrmeister meinte hierzu einst zu mir, dass die beste Organisation die sei, die man nicht bemerke. Recht hatte er! Sobald einer Organisation eine gewisse Leichtigkeit innewohnt, wirkt sie nicht nur natürlich, sondern auch einladend und inspirierend.

Machen Sie es in Ihrem Unternehmen doch wie die Allgäuer Waldbauern. Schmettern Sie das Nachhaltige Ihrer Produkte Ihren Kund:innen nicht gleich ins Gesicht, sondern verpacken Sie es subtiler. Wenn es ihnen dann bewusst wird wie mir bei meinem Spaziergang mit Herrn Schröder, ist es im Effekt und damit dann auch für Ihr Produkt umso nachhaltiger im Gedächtnis Ihrer Kundschaft.

Nachhaltigkeit jedoch nur auf einzelne Aspekte einer Unternehmung zu beschränken, wie etwa Produkte oder Lieferketten, greift zu kurz und ist sogar ein nicht nachhaltiges Tun. Sie können also ein Betreiber von Windparks sein oder Solarmodule herstellen, ja sogar eine gemeinnützige Stiftung sein, wenn Sie Ihre Mitarbeitenden ungerecht behandeln, giftiges Abwasser in den Bach hinter Ihrer Fabrik einleiten und täglich die Hälfte Ihres Kantinenessens wegwerfen, sind Sie alles andere als ein nachhaltiges Unternehmen. Nachhaltigkeit wird nicht durch das bestimmt, was Sie tun, sondern vor allem dadurch, wie Sie es tun. »Nachhaltigkeit ist mehr als kratzendes Toilettenpapier«, lautet daher auch eines meiner Videoseminare, in dem ich die Nachhaltigkeitsziele der Vereinten Nationen beleuchte. Recyceltes Toilettenpapier, Elektroautos als Firmenwagen oder Energiesparlampen alleine machen Ihr Unternehmen nicht zu einem nachhaltigen Unternehmen, auch wenn jede Maßnahme für sich genommen sinnvoll ist oder sein kann.

Hand aufs Herz! Wie viele der 17 Nachhaltigkeitsziele der Vereinten Nationen, die 1:1 auch die Nachhaltigkeitsziele der Bundesregierung sind, können Sie auf Anhieb nennen? Warum ist das so? Nun, ich habe meine eigene Theorie entwickelt, da ich in meinen MasterClasses zu nachhaltiger Führung immer wieder auf dieses Phänomen vermeintlicher Unwissenheit stoße. Nachhaltigkeit wird aktuell mit Umweltschutz, Ressourcenschonung, kurz allem »Grünen« gleichgesetzt. Dass zwar all dies wichtige Aspekte der Nachhaltigkeit sind, aber auch internationale Partnerschaften oder globale Sicherheit Bestandteile der immerhin von allen Mitgliedsländern der Vereinten Nationen, gleich welcher politischen Überzeugung oder welchen Glaubens, angenommen worden sind, gerät in Vergessenheit oder wird außerhalb interessierter Fachkreise gar nicht erst wahrgenommen. Dass Nachhaltigkeit sogar eine der drei Säulen der erstmals 2023 veröffentlichten Nationalen Sicherheitsstrategie der Bundesrepublik Deutschland ist, wird sogar in sicherheitspolitischen Fachkreisen erfolgreich ignoriert. Sollten Sie also für sich persönlich bisher Nachhaltigkeit mit weniger CO_2-Emissionen, Wärmepumpenheizung und Solarmodulen auf Einfamilienhäusern gleichgesetzt haben, befinden Sie sich in prominenter Gesellschaft. Der zum Zeitpunkt der Entstehung dieses Buches stellvertretende Generalinspekteur der Bundeswehr, immerhin zweithöchster Soldat der Bundeswehr, hat in einer öffentlichen Diskussion süffisant darauf hingewiesen, dass ja die Anzahl der Ladesäulen in der sogenannten Suwałki-Lücke sehr überschaubar sei. Dass sicherheitspolitische Nachhaltigkeit herzlich wenig mit Ladesäulen für E-Panzer zu tun hat, muss an dieser Stelle nicht weiter erwähnt werden.

Natürlich geht es auch bei der Nachhaltigkeit im forstwirtschaftlichen Sinne, die ich hier als greifbares Beispiel eines über mittlerweile Jahrhunderte funktionierenden Systems nachhaltiger und generationenübergreifender Bewirtschaftung von zwar nachwachsenden, aber nicht unendlich vorhandenen Ressourcen wähle, darum, Gewinne zu erzielen und damit letztlich Familien und nachkommende Generationen zu ernähren. So gerne wir Förster:innen sind, uns und unsere Familien ernähren müssen wir ebenso wie jede:r andere auch.

Machen Sie doch einmal für sich persönlich den Test: Schreiben Sie 17 Nachhaltigkeitsziele auf einen Zettel, und vergleichen Sie anschließend mit den offiziellen Nachhaltigkeitszielen im Anhang dieses Buches. Viel Freude bei der Auswertung!

Nachhaltigkeit ist in erster Linie ein Prinzip, das zum Ziel hat, ein System, gleich ob im ganz Kleinen oder im ganz Großen, so zu bewirtschaften, zu führen oder auch nur in und mit ihm zu leben, dass am Ende der eigenen Zeit in diesem System immer noch etwas für Nachkommende vorhanden ist, idealerweise sogar mehr als vorher. Das hat jetzt per se nichts mit »grün« oder gar »links« zu tun, sondern ist schlicht Ausdruck eines verantwortungsvollen Umgangs mit Ressourcen, Menschen, Dingen, Rohstoffen, Gegenständen, Begabungen, Ideen, Schätzen, die mir während meiner sehr überschaubaren Zeit auf diesem Planeten lediglich anvertraut worden sind, denn am Ende meiner physischen Existenz mitnehmen kann ich bekanntlich nichts. Dann ist es nur gerecht, wenigstens etwas zurückzulassen und es nicht vorher schon – manchmal unwiederbringlich – aufgebraucht zu haben.

Das Prinzip, die Idee oder auch schlicht die Pflicht zur Nachhaltigkeit hat gesellschafts- und weltpolitische Dimensionen. Die Nachhaltigkeitsziele oder Sustainable Development Goals (SDG) sind durch die Vereinten Nationen und in deren Folge von nationalen Regierungen zur Führungsaufgabe gemacht worden, und zwar mit ganz konkreten Folgen: Im Jahr 2021 wurde das deutsche Parlament vom Bundesverfassungsgericht dafür gerügt, dass die im Klimaschutzgesetz enthaltenen CO_2-Einsparungsziele zulasten künftiger Generationen gingen. Die Einsparungsziele im Hier und Jetzt oder in noch beherrschbarer

Zukunft waren zu vage und schränkten damit die Lebensqualität und Freiheit der jungen und der künftigen Generationen zugunsten der Bequemlichkeit unserer Generation (!) zu sehr ein. In diesem Urteil, das wegweisend für die verfassungsrechtliche Einordnung des Klima- und Ressourcenschutzes ist, kommt das Wort Nachhaltigkeit übrigens nur am Rande, nämlich als Fundstellennachweis, vor.

Nachhaltigkeit hat wegen seiner generationsübergreifenden Wirkung übrigens auch etwas mit Gerechtigkeit zu tun. Das Pariser Klimaschutzabkommen von 2016 formuliert es so: »Dieses Übereinkommen wird als Ausdruck der Gerechtigkeit und des Grundsatzes der gemeinsamen, aber unterschiedlichen Verantwortlichkeiten und jeweiligen Fähigkeiten angesichts der unterschiedlichen nationalen Gegebenheiten durchgeführt.«

Nachhaltigkeit ist unpolitisch und keine politische Ideologie oder Strömung. Nachhaltigkeit ist vielmehr auch eine Haltung und zugleich Wertegerüst, das es uns weltweit ermöglicht, das Überleben unserer Spezies auf diesem Planeten in einer für alle lebenswerten und würdigen Art und Weise zu sichern.

Machen wir uns nichts vor: Es geht nicht um die Rettung des Planeten, denn dem Planeten und der Natur sind wir herzlich egal. Hierzu folgendes persönliches Erlebnis: Vor einiger Zeit hatte ich die große Freude, zur Jagd auf Gamswild im Hochgebirge eingeladen zu sein. Diese naturverbundene und zugleich körperlich sehr anspruchsvolle Form der Jagd verlangt es, im Stockfinsteren – und im Hochgebirge ist es stockfinster, denn selbst den Bergstock, der einem wenigstens einigermaßen Halt beim Begehen der nur trittbreiten Steige bietet, sieht man nicht – auf über zweitausend Meter aufzusteigen, um noch vor dem Morgengrauen die Einstände des Wildes in den Wänden des Gebirges zu erreichen. Nach dem majestätischen Anblick des Sonnenaufgangs über den Bergen, einem kleinen Schneesturm im August, aber ohne Gelegenheit, auf das passende Stück Wild zum Schuss zu kommen, machte ich mich mit meinem Begleiter, einem erfahrenen und trotz seines fortgeschrittenen Alters topfitten Berufsjäger, an den Abstieg. Schnell hatte er mich abgehängt, und ich versicherte ihn nicht nur meiner Trittfestigkeit, sondern auch meines Orientierungssinns im Gebirge, um mich nur kurze Zeit später auf einer Alm, durch die sich der Steig schlängelte, in dichtem Nebel wiederzufinden. Nach ein oder zwei Wendungen auf dem – wie ich mir sicher war – Steig endete dieser plötzlich im Nichts, denn es waren lediglich ausgetretene Viehspuren, denen ich gefolgt war. Nur indem ich mich hinsetzte, wusste ich, wo wirklich oben und unten war. Jeder weitere Tritt barg die Gefahr des Abrutschens und damit schwerer Verletzungen oder gar des Todes. Der Natur war ich in diesem Moment herzlich egal. Es hätte genug Verwerter meines Kadavers gegeben. Kolkraben von beachtlicher Größe und Gänsegeier hätten sicher nicht viel von mir übrig gelassen. Ich will damit sagen: Mir als Mensch hätte die Natur auch mein zu diesem Zeitpunkt schon langjähriges Engagement für ihren Schutz nicht gedankt oder mir etwas zurückgegeben. Diese Sichtweise ist sogar in besonderer Weise egoistisch, weil es wiederum uns Menschen in den Mittelpunkt als »Rettende« rückt. Nein! Nachhaltigkeit schützt zwar auch die Umwelt und gibt ihr sicher wieder etwas zurück, letztlich geht es aber vor allem darum, diesen Planeten für unsere Spezies und damit für künftige Generationen weiter lebenswert zu erhalten.

Vor einigen Jahrzehnten gab es eine schöne Werbung. Auf dem Plakat war ein Fischstäbchen abgebildet, für das ich seit meiner Kindheit persönlich eine gewisse kulinarische Leidenschaft pflege. Darunter stand: »Wenn das für Sie Fisch ist, können Ihnen die Weltmeere auch egal sein.« Damit kommt in besonderer Weise zum Ausdruck, dass wir vor allem unsere Entfremdung von den Konsequenzen unseres Tuns bekämpfen müssen. Es kommt nicht darauf an, was wir machen, sondern wie wir es machen. Natürlich sollen wir auch künftigen Generationen die besondere Qualität von Fisch als Teil einer ausgewogenen Ernährung in einer angemessenen Art und Weise nahebringen, niemand sollte Fischstäbchen verbieten. Entscheidend ist aber doch, wie sie produziert werden, wo der Fisch herkommt, wie er verarbeitet wird, wie lange er transportiert wird, welche Ressourcen dafür – außer Fisch – noch verbraucht werden und wie viel wir davon essen. Es kommt also wiederum auf das Wie und nicht auf das Was an.

Das gilt übrigens schmerzlich auch für die Produktion von Waffen. Natürlich ist eine Welt ohne Konflikte, ohne Waffen, ohne Gewalt eine schöne Vorstellung, und natürlich sollten all unsere Bemühungen darauf abzielen, diesen Zustand zu erreichen oder zumindest möglichst lange zu erhalten. Das Nachhaltigkeitsziel (SDG) 16, »Frieden, Gerechtigkeit und starke Institutionen«, definiert es auch sehr deutlich. Wie war dorthin gelangen werden, ist entscheidend. Ohne Waffen werden wir es wohl nicht schaffen. Diskussionen um E-Panzer verkehren diese ernsthafte Diskussion übrigens unwürdigerweise ins Lächerliche und sollten bitte endgültig der Vergangenheit angehören. Im Übrigen ist es eine militärstrategische Binsenweisheit, dass Kriege über den Nachschub gewonnen werden. Insgeheim ist es der Traum eines jeden Militärstrategen, sich nicht mehr darüber den Kopf zerbrechen zu müssen, wie Millionen Tonnen von Treibstoff an die Front geschafft werden.

Damit schließe ich den Bogen, indem ich ein weiteres Mal die Militärstrategie bemühe und sage, dass es nicht auf den Plan, sondern auf die Planung ankommt. Erst die bewusste Auseinandersetzung mit den Konsequenzen meines Handelns und des Handelns anderer, erwartbare oder nicht erwartbare Überraschungen und schlimmste Entwicklungen *(most dangerous enemy course of action)* bringen mich dazu, wirklich darüber nachzudenken, was ich tue, wie ich es tue und auch was ich besser sein lasse, weil der Einsatz zu hoch oder die Verluste unverhältnismäßig erscheinen.

Damit sind es unsere Planungen, unsere Planungsannahmen und vor allem auch Innovationen, die uns dazu bringen, das Prinzip der Nachhaltigkeit in unserem unternehmerischen und privaten Tun dauerhaft zu verankern. Wenn Ihnen das alles egal ist, melden Sie sich gerne bei mir, und ich nehme dieses Buch wieder zurück gegen Erstattung des Kaufpreises.

Beantworten Sie sich folgende Fragen:

- An welchen Stellen in meinen Planungen arbeite ich mit Planungshorizonten von weniger als fünf Jahren / weniger als zwei Jahren / weniger als einem Jahr / weniger als sechs Monaten / weniger als drei Monaten?
- Warum ist das so?
- Was würde sich ändern, wenn ich die Planungsannahmen verzehnfachen würde?
- Wie lang möchte ich meine aktuelle Position noch innehaben?
- Warum? Und warum noch?
- Was würde ich heute anders machen, wenn ich sicher wüsste, dass ich noch in zwanzig Jahren dieselbe Aufgabe innehabe?

II

Wie(so) Förster:innen in die Zukunft sehen können (müssen) und Beständiges belohnen

Manchmal beneide ich Tischler:innen. Sie arbeiten wie ich mit Holz, aber vom Brett bis zum Tisch gibt es Zeitabschnitte, die problemlos in ein Erwerbsleben und sogar einen Arbeitstag passen. Von den ersten Sämlingen einer Rotbuche oder Stieleiche, die im Revier von der Natur selbst gesät werden – die Natur verjüngt sich selbst (Naturverjüngung) –, bis selbst zu den Teenagern, deren Entwicklung ich betrachte und zur Verbesserung der Lebensbedingungen einzelner Bäume auch gestaltend eingreife, keinen dieser Bäume werde ich bis zum Ende meines beruflichen Wirkens, egal wie lang es noch sein sollte, in ihrer vollen Pracht erleben. Erst die übernächste Generation oder noch später wird vor der Entscheidung stehen, ob es nunmehr Erntezeit für diese Bäume ist. Dank der langen Lebenszyklen unserer Bäume – Forstleute sprechen von der Umtriebszeit – sind Förster:innen weltweit gezwungen, in anderen Kategorien als Quartalen oder Wirtschaftsjahren zu denken und zu planen, selbst wenn wir für unsere Betriebe natürlich auch mittel- und sogar kurzfristige Wirtschaftsziele haben. Wenn es aber um Gestaltung, nicht um die Ernte des Werks vergangener Generationen geht, müssen wir versuchen vorherzusehen, was diesem Baum wohl noch in hundert Jahren guttun wird, denn eine Standortverlagerung fällt als Gestaltungsmaßnahme aus. Wir brauchen also so etwas wie eine grüne Glaskugel. Letztlich das, was sich jede Strategieabteilung eines Unternehmens wünscht.

Einige der wichtigsten wirtschaftlichen Fragen sind: Welches Holz wird wohl zukünftig gefragt sein? Wie viel davon? Welche Sortimente (also letztlich Verwendungen von Papier bis hin zu feinstem Möbel- oder gar Tonholz für Instrumente)? Ich mache mir also Gedanken über mein Produkt, das ich meinen Nachfolger:innen überlassen möchte. Gleichzeitig aber auch – und das ist der noch schwierigere Teil – über die ökologische Frage: Wie werden die Standortbedingungen in Zukunft aussehen? Wird es weiterhin genügend Niederschlag geben, oder werden lange Trockenperioden die Wälder plagen und damit einige Baumarten auf der Strecke bleiben? Werden wir regelmäßig starke Stürme haben, sodass ich vor allem Baumarten mit starkem und tiefem Wurzelwerk fördern und meine Bestände »sturmfest« aufbauen muss? Kurzum, die alles entscheidende und damit die Millionenfrage: Wie wird sich das Klima an meinem Standort entwickeln?

Jenseits alles Ideologischen oder gar Resignativen ist es für mich und meine Unternehmensentscheidungen ein Faktum, auf das ich mich einstellen muss. Vielleicht kann ich ja – das möchte ich jedenfalls – meinen Teil dazu beitragen, dass eben meine Nachfolger:innen keine Steppenförster:innen sind, sondern ebenso wie ich Jahr für Jahr den Markt mit dem wertvollen und vielseitigen Rohstoff Holz versorgen können. Die Behäbigkeit, Gelassenheit und Achtsamkeit unseres Arbeitsumfelds jenseits der auch bei Förster:innen ständig klingelnden Mobiltelefone erzieht uns zu aufmerksam Beobachtenden. Wir lernen, dort etwas genauer und immer wieder hinzuschauen, wo manch anderer vielleicht nur vorbeigeht. Das schafft bereits ein Gefühl für sich anbahnende Veränderungen. Bei den Revieren, in denen ich beispielsweise im Mittelrhein häufiger unterwegs bin, nehme ich schon eine Verschiebung der Jahreszeiten wahr. Trockenheitsbedingte, nicht kältebedingte Verfärbung der Blätter bereits im September statt wie gewohnt einen Monat später. Das hat Auswirkungen auf die Wachstumszyklen. Den Bäumen bleibt weniger Zeit, um mit weniger Wasser und Nährstoffen pro Jahr Holz zu bilden. Damit werden wohl die Stärken, vereinfacht gesagt die Durchmesser der Bäume, in den nächsten Jahren hier deutlich abnehmen. Die Sortimente, die ich damit liefern kann, werden andere sein, als sie hier bisher erwirtschaftet wurden und damit in die neuen Wirtschaftspläne eingeflossen sind. Außerdem sehe – und messe – ich, wie sich die Niederschläge entwickeln, wann sie auftreten, in welcher Häufigkeit und wie viel davon tatsächlich im Boden gespeichert wird. Gleichzeitig helfen mir diejenigen, die das Werk von J. G. von Langen fortführen und Langzeitstudien betreiben, also die Forstwissenschaftler:innen.

Natürlich ist, wie es sich für jede streitbare Wissenschaftsdisziplin gehört, längst ein Streit darüber entbrannt, wie dem Klimawandel bestmöglich in der Bewirtschaftung unserer heimischen Wälder begegnet werden kann. Eine dieser Ideen, die ich zunächst selbst für die naheliegendste und damit für mich »logischste« gehalten habe, sind die sogenannten Klimaanalogien. Ich schaue also nach, wie sich wohl die Temperaturen und Niederschläge für meinen Standort in den nächsten fünfzig Jahren entwickeln werden. Nehmen wir an, das Klima an meinem Wohnort wird dann in etwa dem in Nordspanien vergleichbar sein. Dann schaue ich mir an, welche Baumarten dort im Moment in den Wäldern mit den aktuellen Bedingungen gut klarkommen und stabil bewirtschaftet werden können. Und siehe da: Ich habe meinen angestrebten Wald in fünfzig Jahren, beginne also jetzt fleißig Steineichen, Korkeichen und Traubeneichen zu pflanzen …

Diese gedankliche Abkürzung ist auf den ersten Blick verlockend, geht allerdings doch schon sehr scharf »querfeldein«. Selbst wenn sich die Temperaturen jenen des heutigen Nordspaniens nähern, der Boden, die Grundwasserstruktur, das Höhenprofil, kurzum alles, was in der Gesamtheit ebenjene Standortsbedingungen ausmacht, werden bleiben oder sich jedenfalls nicht in gleicher Geschwindigkeit den Gegebenheiten anpassen. So zeigt beispielsweise das renommierte Copernicus-Modell einen Wandel des beschaulichen Andernachs im Mittelrheintal hin zu einem Klima, wie es derzeit in Wee Jasper in Neusüdwales (Australien) herrscht. Demnächst also Kängurus statt Rehe in unseren Wäldern? Mögen auch die Rahmenbedingungen nach heutiger Projektion stimmen – was wir nicht wissen, ist, ob wir uns alle nicht vielleicht doch einen Ruck geben und die Erderwärmung schneller stoppen. als wir es bisher für möglich halten (siehe auch disruptive Technologien). Vor allem kennen wir den Weg hin zu dieser Erderwärmung nicht. Wie schnell wird es sich verändern, wird es Zwischenphasen geben und, wenn ja, welche. All das sind Dinge, über die ich mir Gedanken machen muss, wenn ich eine neue Generation Bäume in ihren ersten Lebensjahren begleiten oder bewusste waldbauliche Akzente setzen möchte.

Wäre ich ein Heizungsbauer, wüsste ich, dass ich meinen Betrieb mittel- bis langfristig eher in Richtung Kühlung, jedenfalls aber weg von fossilen Brennstoffen umbauen sollte. Hier hilft es sehr, wieder einmal genauer zu beobachten. So sehe ich zum Beispiel Bäume derselben Art – ich nehme wieder meine Lieblingsbuche –, die in einem Umkreis stehen, in dem die Lebensbedingungen nahezu dieselben sind. Die eine kommt scheinbar besser mit den veränderten Bedingungen klar, sie sieht gesünder aus, hat noch grüne Blätter, während »Frau Nachbarin« bereits verfärbt ist und unnützen Ballast abwirft. Es gibt also auch bei Bäumen offenbar Gewinner und Verlierer des Wandels, und das sogar in derselben Art. Sowenig die Natur selbst zu diesem Dilemma beigetragen hat, so schnell hat sie dennoch die Ärmel hochgekrempelt und sich eine Strategie überlegt. Dass wandelnde Umweltbedingungen das Erbgut verändern, um das Überlebensprogramm umzuschreiben, hat die Epigenetik mittlerweile hinreichend erforscht. Bei meinen Buchen entdecke ich, wenn ich genau hinsehe, bereits erste Vorboten, denn die »Gewinnerin« wird ihre Strategie bereits in ihr Erbgut übernommen haben. Ihre Nachkommen haben also bessere Startbedingungen als jene der eher kränkelnden Nachbarbuche. So wird es über die nächsten Generationen weitergehen. Das hat auch die Forstwissenschaft bereits lange erkannt, weswegen bei sogenannten Waldumbaumaßnahmen nicht nur bestimmte Baumarten empfohlen werden, sondern auch der Genpool, aus dem diese stammen sollen – beispielsweise für Pflanzungen –, ebenfalls definiert ist. Förster:innen sind Waldkümmerer und keine Waldzerstörer:innen.

Ein sehr plastisches Beispiel ist die Weißtanne, die durch eiszeitliche Veränderungen geradezu in zwei Lager gespalten wurde, die aber botanisch noch keine eigene Gattung oder Familie bilden. Es sind dies jene südlich der Alpen, beispielsweise in Rumänien, und jene nördlich der Alpen, die auch für langsam wandernde und mit ausgefeilten Transportsystemen ausgestattete Baumarten nur schwer zu überwinden sind. Die südlichen Verwandten haben sich über Tausende von Jahren an die knappere Wasserversorgung angepasst und überleben unter Bedingungen, bei denen die »Nordlichter« schon längst verdurstet wären. Diese natürliche Anpassung machen wir uns jetzt im Waldbau zunutze und importieren das südliche Genmaterial. So können wir bei uns bekannten und heimischen Baumarten bleiben. Die Chance, dass die uns nachfolgenden Generationen also eine intakte, wenn auch äußerlich sicher veränderte Waldgesellschaft vorfinden, steigt damit. Allerdings hat auch diese Abkürzung ihren Haken, denn natürlich haben sich auch die südlichen Verwandten über Jahrtausende an ihre Umgebung angepasst. Damit haben sie aber jene Veränderungen und Anpassungen, die die nördliche Verwandtschaft vollzogen haben, nicht mitgemacht, was sie wiederum gegenüber Schädlingen nördlich der Alpen wehrloser macht. Ein Risiko, das wir eingehen, wenn wir zumindest Alternativen zu den aktuellen Herausforderungen für die Weißtanne schaffen wollen.

Vielleicht liegt die unterschiedliche Denkweise von Förster:innen auch daran, dass wir uns von Beginn unserer Ausbildung an damit »abfinden« oder lernen, dass Lebewesen wie »unsere« Bäume zwar nach Art und Maß erfasst, nämlich gezählt und vermessen werden können, dass aber schon bei dieser auf den ersten Blick einfachen Aufgabe ungeahnte Herausforderungen lauern. Haben Sie schon mal einen Baumstamm gesehen, der exakt zylindrisch geformt war? Wenn Sie diese Frage mit Ja beantworten, haben Sie mehr Glück gehabt als ich, denn ich habe es in mehr als dreißig Jahren im Wald noch nie erlebt. Alleine bei der Frage, wie viel Holzvorrat ein Bestand hat, wie viel also in meinem Wald »auf Lager« ist und wie viel pro Jahr nachkommt oder zumindest nachkommen sollte, kommen wir ohne Statistik nicht weiter. Viele der Wälder, die ich mir ansehe und bei denen ich dann überlege, ob ich sie kaufe oder pachte, sind seit Jahrzehnten nicht mehr bewirtschaftet worden. Es liegen also keine Berechnungen oder Messungen vor, auf die ich vertrauen könnte, wenn ich einen Business-Case rechnen möchte. Moderne Technologien wie Fernerkundung machen mir das Leben zwar leichter, aber eine echte Due Diligence, wie ich sie beim Kauf eines Unternehmens machen kann, indem ich mir die Jahresabschlüsse, die Technologien und die Strategieplanung ansehe, kann ich im Wald nicht machen. Und das ist okay! Am Ende bin ich selbst mit heuristischen Methoden und Schätzungen immer an einen Punkt gelangt, wo ich für mich selbst entschieden habe oder auch meine Finanzierer davon überzeugen konnte, ob und wie viel ein Bestand am Ende wert ist.

Hier möchte ich Ihnen zwar die Freude auf Ihren eigenen Wald nicht verderben, sollten Sie an dieser Stelle des Buches bereits Lust bekommen haben, sich selbst dieser faszinierenden und nachhaltigsten Form des Investments zu widmen, ich muss Ihnen aber dennoch verraten, dass die meisten Bestände, die aktuell auf dem Markt angeboten werden, heillos überteuert sind. Gekauft werden sie zwar dennoch, verdienen werden Sie Ihr Geld aber sehr wahrscheinlich für sehr lange Zeit nicht.

Mein bisher interessantestes »Verkaufsgespräch« hatte ich zu einem kleinen Bestand zugegebenermaßen sehr guter Rotbuche. Noch bevor ich Fragen zur Altersklassenverteilung oder zur bisherigen Bewirtschaftung stellen konnte, wurde mir in reinstem Niederbayerisch mitgeteilt, dass unter neun Euro den Quadratmeter gar nichts gehe. Damit wären wir bei etwas weniger als einer Million Euro (!) für zehn Hektar. Über den Daumen angenommen, dass ich einen jährlichen Zuwachs von zehn Festmeter pro Hektar habe (sehr optimistisch geschätzt) und die Preise für Buche etwa bei achtzig Euro den Festmeter liegen, schaue ich auf einen jährlichen Ertrag von achttausend Euro, wenn ich nachhaltig wirtschaften möchte, also nicht mehr entnehme, als hinzuwächst. Damit wäre ich bei einer Rendite von acht Promille im Jahr angekommen. Mit einem freundlichen Hinweis darauf, dass die Buchen dann wohl aus reinstem Gold bestehen müssten, habe ich das Verkaufsgespräch beendet.

Eines aber ist mir bei meinen Berechnungen und Schätzungen klar geworden: Ich habe mich – völlig selbstverständlich – damit abgefunden, dass ich mit einer Menge Unklarheiten leben muss, zumal mich Großschadensereignisse eh jederzeit heimsuchen können. Zu keiner Zeit habe ich allerdings – auch nicht gegenüber meinen Investoren – den Eindruck erweckt, als wüsste ich es mit mathematischster Genauigkeit oder könnte es gar tatsächlich messen.

Diese Gelassenheit hat mich regelrecht gereinigt vom Dogma der Messbarkeit und Berechenbarkeit, das mich mein bisheriges Berufsleben begleitet, ja geradezu heimgesucht hat. Wie viele von Ihnen haben schon in Strategiebesprechungen oder gar Investmentmeetings gesessen, in denen der Business-Case für die nächsten zehn (!) Jahre bis auf Nachkommastellen gerechnet und leidenschaftlich diskutiert wurde? Wie viele von Ihnen haben dabei gelegentlich aus dem Fenster geguckt und sich gedacht: Was machen wir hier eigentlich?

Ein anderes und vielleicht noch plastischeres Beispiel: Mitarbeiterbeurteilungen oder Performance Benchmarking oder welchen Namen sonst sich Ihr Unternehmen für den Prozess der »Mitarbeitermessung« ausgedacht hat. Mein Erweckungserlebnis kam in dem Moment, als ich auf »der anderen Seite« saß und in die Gespräche mit meinem Team gegangen bin, nachdem mir die Personalabteilung vorher »mein« Ziel mit auf den Weg gegeben hatte, nämlich was hinten herauskommen sollte, verborgen hinter der berühmten gaußschen Normalverteilung. Am Ende war klar, es bekommt jede:r die Bewertung oder Beurteilung, die gerade im Gesamtsystem gebraucht wird oder »frei« ist, damit die Rechnung aufgeht. Mit persönlicher Bewertung, Messung, geschweige denn Wertschätzung der Leistung eines Individuums hat das wenig bis gar nichts zu tun.

Meinen Bäumen ist es ziemlich egal, wie ich sie messe oder ihre »Performance« beurteile. Meinen Mitarbeitenden war es das – zum Glück – nicht, wenn ich Ihnen meine Wertschätzung im Gespräch ausdrücken und gemeinsame Pläne für eine persönliche Entwicklung schmieden konnte. Eines hatten und haben aber beide Gruppen gemeinsam: So schön es sein mag, sich durch ein »Incentive« etwas außer der Reihe leisten oder das gerade gekaufte Haus schneller abbezahlen zu können, viel wichtiger war das Umfeld, das ich und mein Unternehmen bereitet und geboten haben, und zwar nicht den »Neuen«, sondern meinem bestehenden Team, meinem Bestand. Auch im Wald erhalte ich einen Bestand nicht nur, sondern entwickele ihn, indem ich mir von Zeit zu Zeit ansehe, wie seine Mitglieder gewachsen sind. Habe ich alles dafür getan, dass die Entfaltungsmöglichkeiten gegeben waren, die sich die Person wünscht? Das bedingt natürlich, dass ich im Gespräch danach frage und es auch hinterfrage, ob es wirklich »Aufstieg« ist, der für die Person individuelle Wertschätzung ausdrückt, oder ob es doch eher andere Dinge sind, als sich an Events zu beteiligen und das Unternehmen auf Messen und Ausstellungen repräsentieren zu dürfen, um nur eines der Beispiele zu nennen, die das Unternehmen letztlich nichts gekostet, die Mitarbeiter:in aber immens stolz gemacht hat, sodass sie die Wertschätzung, die ich und mein Unternehmen für sie empfunden habe, wirklich gespürt hat.

An anderer Stelle werde ich auf die Analogie zu den Standortsbedingungen noch ausführlich zu sprechen kommen. Hier ist nur wichtig, dass ich ehrlich zu mir selbst und meinem Team bin, dass Zahlen, gerade wenn es um persönliche Leistung geht, zwar die Basis für Entscheidungen und auch Diskussionen sein können, niemals aber der einzige Entscheidungsfaktor sein dürfen und schon gar nicht unter dem Dogma, dass es »so ist«, weil »die Zahlen« es ja schließlich »beweisen«.

Auch im Bereich der Nachhaltigkeit kommen wir immer wieder zu Fragen der Messbarkeit. Hier geht es vor allem um Transparenz, Sichtbarkeit und Vergleichbarkeit. Wie kann ich Veränderungen oder idealerweise sogar Veränderungen zum Vorjahr besser ausdrücken oder sichtbarer machen als über Zahlen? Das gilt übrigens auch für Mitarbeitende, allerdings geht es hierbei eher darum, Parameter zu definieren, die die Gesundheit und Zufriedenheit ausdrücken und damit eher meine Performance als Unternehmen denn diejenige des einzelnen Mitarbeitenden messen. Eine schöne Messgröße sind hier die Krankheitstage. Natürlich kann ich als Unternehmen Pech haben, wenn über meine Region eine Grippewelle hinwegzieht. Wenn der Krankenstand im Frühling oder Sommer, wenn das Leben nur so sprießt und gute Laune allerorten zu spüren ist, immer noch hoch ist, mag das ein Indiz für schlechte Stimmung oder Probleme in meinem Team oder in meiner Abteilung sein. Bisher hatte das Controlling in einem Unternehmen nach meiner persönlichen Wahrnehmung immer einen recht zweifelhaften Ruf in der Belegschaft. Die Finanzabteilung liebte sie, waren sie doch so etwas wie die Bluthunde des CFO, weil sie alles messen konnten und wollten, es blieb ihnen nichts verborgen. Keine Beziehung war ihnen zu absurd, um auch noch aus dem Verhältnis von Außentemperatur zum Reifegrad der Äpfel in der Kantine irgendeinen Optimierungsvorschlag herauszupressen. Die Krone der Schöpfung dieser Spezies sind Unternehmensberater, deren Ansatz schon sprichwörtlich ist, heißt es doch, sie kämen zu dritt und gingen zu zehnt.

All diese Errungenschaften der Unternehmensführung hatten und haben möglicherweise zu ihrer jeweiligen Zeit ihr Gutes. Wiederum heißt nachhaltige (Unternehmens-)Führung nicht, all diese Erfahrungen über Bord zu werfen oder gar zu verteufeln. Im Gegenteil! Genauso wie bei technischen Innovationen geht es nun darum, ebenjene Stellschrauben und Hebel zu finden, mit denen ich die Nachhaltigkeit meiner Unternehmung und meines Geschäftsbetriebs messen kann, um genau hier auch mit meinen Optimierungsbestrebungen zu beginnen und genau dort den Hebel nachhaltiger Führung anzusetzen, um möglichst viel selbst zu gestalten.

Da Nachhaltigkeit nicht dasselbe Schicksal erleiden soll wie einstmals die sicherlich auch damals durchaus sinnvolle Optimierung der Wettbewerbsfähigkeit, ist behutsames und vor allem ganzheitliches Vorgehen bei der nachhaltigen Transformation eines Unternehmens und des Wirtschaftssystems das Gebot der Stunde.

Beantworten Sie sich folgende Fragen:

- ▷ Was ist die »Klimaanalogie« für Ihr Unternehmen? Wo ist es jetzt schon so, wie es bei Ihnen in fünfzig Jahren sein wird?
- ▷ Welche Kalamität bedroht Ihr Unternehmen, und wie können Sie sich heute schon dafür wappnen? Was können Sie darüber hinaus noch tun?
- ▷ Welche Kalamität haben Sie bereits erfolgreich überstanden? Warum?
- ▷ Welche Standortsbedingungen im weiteren Sinne werden sich für Ihr Unternehmen ändern? Welche noch?
- ▷ Wo messen Sie in Ihrer Organisation etwas, das Sie bei näherer Betrachtung auch nur schätzen?
- ▷ Warum sind die Worte »schätzen« und »wertschätzen« sprachlich näher als »messen« und »wertschätzen«?

III

Disruptive Technologies

Vom Rückepferd zum Harvester und zurück?

Kraft kann man nicht sehen, dafür aber umso intensiver spüren. Ich habe die Kraft meiner neuesten »Forstmaschine« neulich zuletzt gespürt, als sie mir auf den Fuß getreten ist. Die Rede ist von Nero, meinem vierjährigen Schleswiger Kaltblut Wallach, den ich derzeit mit viel Geduld und Beharrlichkeit – Kaltblüter sind gutmütige Dickköpfe – zu einem Rückepferd für die Waldarbeit ausbilde. Später soll er mir dann helfen, gefällte Bäume behutsam aus dem Wald zum nächsten Forstweg zu ziehen, was wir Forstleute als »Rücken« bezeichnen. Das schont nicht nur den Waldboden, sondern ermöglicht es auch, einzelne Bäume zu ernten, ohne gleich mit viel Zeit und Geld einen eigenen Weg für eine Erntemaschine, den sogenannten Harvester, im Wald anlegen zu müssen. Eine Fläche, auf der ich sinnvollerweise keine Bäume kultivieren kann, weil sie regelmäßig wieder »umgefahren« werden. Früher war die Holzernte für Tier und Mensch eine anstrengende und zuweilen auch gefährliche Arbeit. Das ist sie neben dem Baugewerbe heute übrigens immer noch. Gefälltes Holz konnte lange Zeit nur mit Pferden aus dem Wald transportiert werden.

Manch einer der damaligen Berufskollegen von Nero hatte sicher kein besonders romantisches Leben, wie auch die Arbeit aller anderen eher bestimmt war von den Entbehrungen und

Gefahren der Waldbewirtschaftung »von Hand«. Meine Tante, die aus einer alten Försterfamilie stammt, erzählte oft die Geschichte, wie gefährlich es war, eine Windwurffläche, in der viele der umgefallenen und ineinandergestürzten Bäume unter immensen Spannungen stehen, mit Axt und Zugsäge aufzuarbeiten. Ihr Großvater ließ nur die erfahrensten seiner Leute dort arbeiten, da es buchstäblich lebensgefährlich war, dieses Riesenmikado zu entwirren. Zwar wurden wohl die ersten Motorsägen bereits vor etwa hundert Jahren entwickelt, die Einsatzreife im Einmannbetrieb durch Reduzierung des Gewichts kam flächendeckend erst ab den 1950er-Jahren.

All das sollte man bei der manchmal eher romantisierenden und ideologisch unterfütterten Forderung nach Verbannung der Maschinen aus dem Wald immer bedenken. Die Motorisierung der Holzernte – zuerst mit der Motorsäge statt mit Axt und Zugsäge und schließlich mit dem Harvester und Forwarder, einem besonders geländegängige Holztransporter mit Kran – hat die Arbeit im Wald vor allem leichter, wenngleich immer körperlich fordernd, und sicherer gemacht. Die quasiindustrielle Form der Vollernte mit Maschinen war für viele Waldbesitzende eine disruptive Technologie, die alte Wirtschaftsformen ersetzt hat und neue, wie beispielsweise die intensive Bewirtschaftung großer Monokulturen, erst ermöglicht hat. Mancherorts müssen die Forstunternehmer:innen sich fast in den Wald schleichen, um dort ihre Arbeit zu tun, werden sie doch nicht selten beschimpft und mit allzu pauschalisierten Vorwürfen zur modernen Forstwirtschaft konfrontiert.

Anders als Disruptionen in anderen Industriezweigen war es jedoch eher eine Evolution der Bewirtschaftung denn eine vollkommen neue Form oder ein neues Geschäftsmodell, das Herkömmliches verdrängt hat, so wie das Internet den Telegrafen, das Telefax und letztlich auch die analoge Form des Telefonierens.

Eine Disruption zeichnet sich jedoch gerade dadurch aus, dass sie scheinbar vorgezeichnete Entwicklungszyklen durchbricht und alternative Technologien oder Methoden auf die Überholspur schickt. Eine solche Disruption sind für uns Forstleute möglicherweise die Auswirkungen des Klimawandels, weil sie unsere Wirtschaftsmethoden einschließlich der Baumartenwahl zumindest auf eine harte Probe stellen.

Biotechnologie könnte im Zusammenhang mit Strategien zur Anpassung der Wälder an die Herausforderungen des Klimawandels hier ebenfalls zu einer Disruption führen. Waldökosysteme und vor allem die Genome von Waldbäumen sind hochkomplexe Systeme, die wir gerade erst zu verstehen beginnen. Eingriffe oder gar Steuerungen durch Förderungen beispielsweise trockenheitsresistenter Varianten werden damit zwar diskutiert, aufgrund der Dauer vorbereitender Studien wird es den für Disruptionen typischen »Über-Nacht-Effekt« aber wohl kaum geben. Erfahrungen mit gentechnischen Veränderungen von Bäumen gibt es vor allem bei schnell wachsenden – die Forstleute nennen es »kurzumtriebigen« – Pappeln. Hier zeigt sich vor allem das Problem der Stabilität der Eingriffe, da die Natur die Eingriffe offenbar immer wieder mit ihrem natürlichen Plan überspielen möchte. Wenngleich eine Langzeitforschung hier künftig wichtige Erkenntnisse liefern wird, ist dennoch nicht von einer Disruption im klassischen Sinne auszugehen.

Anders kann es hier schon aussehen, wenn wir klassischen Waldbau mit Rasierklingen vergleichen. Nicht etwa, weil jedes Jahr in der Angst vor Kalamitäten ein Ritt auf der Rasierklinge wäre, sondern weil sich das klassische Geschäftsmodell Holzproduktion und -verkauf zu einer Honorierung und Bezahlung der Ökosystemleistung entwickeln kann. Die natürliche CO_2-Speicherfähigkeit unserer Wälder zahlt schon jetzt auf die nationalen Klimaziele zur CO_2-Reduzierung ein. Damit sind sie aktuell leider einer »erneuten« wirtschaftlichen Nutzung etwa durch CO_2-Kompensationszertifikate für Pflege oder Aufforstung heimischer Wälder entzogen. Die Betonung liegt hierbei allerdings auf »noch«, denn es entsteht gerade seitens der heimischen Wirtschaft ein immer größeres Bedürfnis, den Wald und damit das Klima lieber vor den eigenen Werkstoren denn im weit entfernten Regenwald zu schützen. Damit bewegen wir uns langsam, aber sicher in Richtung des bereits erwähnten Rasierklingenmodells oder auch eines Servicemodells, wenn die Bezahlung nicht mehr für das Ursprungsprodukt erfolgt, sondern eher für die Zusatzleistungen, die damit verbunden sind. So wie Sie schon jetzt einen Rasierapparat samt der ersten Klinge quasi geschenkt bekommen, dann aber deutlich mehr für Ersatzklingen investieren müssen, würden Unternehmen oder vielleicht dereinst die Allgemeinheit für das bezahlen, was die (bewirtschafteten) Wälder ihnen liefern, denn nur bewirtschaftete Wälder schaffen es, dauerhaft mehr CO_2 zu binden, als durch natürliche Zersetzungsprozesse wieder freigesetzt wird. Diese Leistung kommt uns allen zugute, weshalb es einen gewissen Charme hat, auch andere an den hierfür anfallenden Kosten zu beteiligen.

Ist die Forstwirtschaft damit immun gegen Disruptionen? Ich denke, nein, denn auch die Digitalisierung verändert unsere Arbeitsweisen, und zwar, wie ich hier ausdrücklich betonen möchte, zum Besseren.

Neulich telefonierte ich mit einer von Waldbränden in ihrer Region geplagten Kollegin, in deren Revier mir einzelne Flächen zum Kauf angeboten worden waren. Die Flächen, obwohl sie nicht weit entfernt vom Forsthaus lagen, kannte sie nur von der Karte und vielleicht vom gelegentlichen Vorbeifahren. »Ich bin ja nur noch unterwegs«, klagte sie mir ihr Leid. Wegen der Zentralisierungswelle in der Forstverwaltung gegen Ende des letzten Jahrhunderts wurden viele Stellen für Förster:innen gestrichen, was sich nun rächt, weil für diesen Traumberuf der Nachwuchs fehlt. Diejenigen, die dennoch unbeirrt ihren Weg gegangen sind, verbringen den Großteil ihrer Zeit im Auto. Da leider auch viele Waldbesitzer:innen »ihren« Wald als eher passives Investment betrachten, sind viele Bestände sich selbst überlassen. Käferbefall, Windwurf oder herannahender Stress zum Beispiel durch Trockenheit werden damit in vielen Fällen leider erst dann erkannt, wenn es zu spät ist. Abhilfe schafft da »der große Bruder« aus dem All …

Das Zauberwort ist Fernerkundung. Mittlerweile ist nicht nur die Abdeckung mit modernen Satelliten so hervorragend, dass auch entfernteste Bereiche unseres Planeten aus dem Weltraum erforscht werden können, sondern auch die Nutzung und Verarbeitung der Daten mit Software auf Basis künstlicher Intelligenz hat – von vielen Förster:innen eher unbemerkt – den sprichwörtlichen Riesenschritt nach vorn gemacht. Das eröffnet neue Perspektiven. Statt der Mammutaufgabe, der Betreuung mehrerer Tausend Hektar nur noch »hinterherzufahren«, können Förster:innen in Zukunft nicht nur vom Schreibtisch aus, sondern auch von unterwegs einen Blick auf ihre Schützlinge werfen, um dann gezielt dorthin zu fahren, wo sie am dringendsten gebraucht werden. Nicht nur, dass dann die knappe Ressource der »Förster:innenzeit« effektiv genutzt würde, sondern auch bislang eher stiefmütterlich behandelte Bestände – gerade zum Beispiel in Brandenburg sind das viele Tausend Hektar – könnten sogar von Menschen mit nur rudimentärem Fachwissen zumindest beobachtet werden. Auch wenn es sich eher um das Ergebnis einer Technologieentwicklung denn um eine wirklich bahnbrechende Neuerfindung handelt, ist die flächendeckende Anwendung im forstlichen Bereich in gewisser Weise schon etwas bisher nicht Dagewesenes. Damit wird Förster:innen wieder mehr Zeit geschenkt, die sie dort verbringen können, wo sie im Grund ihres Herzens dauerhaft sein wollen, nämlich im Wald. Keine Fernerkundung ersetzt den Reviergang und die dabei gemachten Beobachtungen und kleinen Entdeckungen, mal ganz abgesehen von der Förderung der betrieblichen Gesundheit in Forstbetrieben, in denen wie in anderen Berufen auch zu viel gesessen wird.

Das Besondere und Herausfordernde an disruptiven Technologien ist eben gerade, dass sie nicht vorhersehbar sind. Voraussagen der Zukunft sind leider kaum möglich. Dennoch wird auch die Digitalisierung der Forstwirtschaft noch weiter voranschreiten, sodass bahnbrechende Erfindungen an der Schnittstelle beider Bereiche zu erwarten sind.

Einer meiner Kunden, den ich bei der Digitalisierung seines Unternehmens begleite, hat erfolgreich ein Bewirtschaftungssystem eingeführt, das die effizientesten Fahrwege für Harvester und Forwarder unter Berücksichtigung des Geländeprofils errechnet, in digitale Karten umwandelt und den Maschinen auf deren elektronische Navigationssysteme überspielt. Eine Genauigkeit und Effizienz der Bewirtschaftung, an die noch vor zwanzig Jahren nicht zu denken war. Damit entfallen die umständlichen und zeitraubenden Vermessungen und Markierungen per Hand, für die es mindestens zwei Leute und viel Geduld brauchte. Das allerdings war auch Zeit, die beide, meistens der Revierleitende und ein Gehilfe, im Wald verbrachten und dabei nicht nur die Fahrwege markierten, sondern sich ausgiebig vor Ort einen Eindruck des Waldes verschaffen konnten. Manch Widerstand gegen technische Neuerungen sind darin begründet, dass den Betroffenen als *Qualitytime* lieb gewonnene Gewohnheiten genommen werden. Unser Beruf ist ein Draußenberuf, ihn zu einem Drinnenberuf zu machen, egal ob absichtlich oder nur als Nebeneffekt, fühlt sich für einige wie ein regelrechtes Berufsverbot an.

Eine ganz andere, unerwartete – und damit wahrlich disruptive – Entwicklung könnte beispielsweise das absolute Bewirtschaftungsverbot für Forsten sein: Wälder sich selbst überlassen, sie nicht bewirtschaften und von außen zuschauen, was passiert. Neben einem verordneten Bewirtschaftungsverbot gibt es auch ein De-facto-Verbot dadurch, dass Bewirtschaftung mancherorts unwirtschaftlich ist.

Nun gut, das mag ein wenig sehr weit hergeholt erscheinen, aber darin besteht ja der Sinn strategischer Überlegungen zu Erfindungen oder Entwicklungen, von denen jetzt noch niemand etwas ahnt. Hierbei ist aber zu bedenken, dass der derzeit am positivsten bewertete Aspekt des Waldes, nämlich seine Fähigkeit, CO_2 zu binden und damit unsere CO_2-Bilanz zu verbessern, nur dann uneingeschränkt besteht, wenn er durch die Hände erfahrener Förster:innen bewirtschaftet wird. Auf diese Weise wird nicht nur ein Gleichgewicht erhalten, sondern es werden absterbende und damit CO_2 abgebende Bäume – Totholz – wieder durch neue Zuwächse ergänzt, sodass jedes Jahr mehr nachwächst, als durch Entnahme oder natürliche Prozesse wegfällt. Je mehr Holz im Kreislauf gehalten wird, desto mehr CO_2 wird dauerhaft gebunden.

Oder wie wäre es mit *Drone Logging*? Sehr leistungsstarke Drohnen ziehen Bäume aus dem Wald heraus, nachdem sie unten von Fällrobotern, die auf Luftkissen über den Waldboden gleiten, gefällt worden sind. Die Auswahl erfolgt auf Basis der durch Satellitenfernerkundung und Sensorik am Baum gewonnenen Daten. Damit ist es nicht mehr nur den geschulten Augen der Förster:innen überlassen zu entscheiden, welcher Baum besser als sein Nachbar dasteht, sondern der künstlichen Intelligenz (KI), die auf ein schier unerschöpfliches Reservoir an Daten zurückgreifen kann. Damit wäre beispielsweise auch ein bestandsübergreifendes Benchmarking möglich. Alles Quatsch? Also, Fernerkundungsdaten zur Erkennung der Wuchsleistung haben wir schon, Sensorik am Baum auch. In meinem Betrieb statte ich gerade einige Bäume mit einer eigenen Smartwatch aus, die mir in Echtzeit auf mein Handy den »Wasserstand« meiner wichtigsten Bäume anzeigt. Je besser es ihnen geht, desto mehr sind sie im Soll des jährlichen Zuwachses oder übertreffen es sogar.

Mal sehen, wie lange es dauert, bis ich diesen Teil des Buchs als Tatsachenbericht schreibe. Einen sogenannten Schreitharvester, der durch den Wald »geht«, statt ihn mit Ketten oder Breitreifen zu befahren, gibt es bereits. Es sieht dann zwar so aus, als würde der Kampfläufer aus *Krieg der Sterne* in meinem Wald sein Unwesen treiben, eine Alternative zu Rad- oder Kettenfahrzeugen sind sie mancherorts dennoch.

Auch Aufforstungen mit *Seeding Drones* sind nicht mehr nur Ideen, sondern werden einigermaßen erfolgreich dort eingesetzt, wo Pflanzungen nicht wirtschaftlich sind oder Naturverjüngung nicht mehr möglich ist, weil zum Beispiel alle Elternbäume abgestorben sind.

Beantworten Sie sich folgende Fragen:

- ▷ Welche Veränderung Ihres Marktes ist so utopisch, dass Sie sicher sind, dass sie zu Ihren Lebzeiten nicht eintreten wird. Warum?
- ▷ Welche Ihrer Alltagstechnologien hätte Ihr Vorvorgänger noch als solche Utopie verstanden? Warum?
- ▷ Welche Ihrer Alltagstechnologien würden Sie gerne rückgängig machen? Warum?

IV

Eine Waldgesellschaft

Good Governance für alle Organismen des Waldes

Obwohl die Menschheit wohl seit Anbeginn dort, wo es bewaldet war, mit und im Wald lebte, sind wir noch am Anfang einer letztlich wohl unendlichen Reise zum Verständnis dessen, was »Wald« ausmacht. Allein aber der Sprachgebrauch der Forstleute zeigt, dass wir verstanden haben, dass die vielen Lebewesen – sichtbar und unsichtbar – miteinander leben und interagieren. Wir bezeichnen einen Wald und dessen Zusammensetzung verschiedener Arten auch als Waldgesellschaft, die Interaktionen der einzelnen Mitglieder dieser Gesellschaft untersucht sogar eine eigene Disziplin, nämlich die Pflanzensoziologie. Diese Nähe zu unseren menschlichen Organisationsformen und deren Erforschung in der Bezeichnung machen neugierig auf mehr.

Wenn wir den Wald bewirtschaften, was wir bei aller Romantisierung der Rückkehr des Urwalds tun sollten – allein schon, weil im Moment knapp eine Million Menschen bei uns davon leben –, greifen wir in diese Gesellschaft ein und gestalten sie. Das allein ist zunächst einmal nur eine Feststellung. Die einzelnen Mitglieder der Gesellschaft würden die Waldgesellschaft auch ohne unser Zutun verändern, schon alleine dadurch, dass sie selbst wachsen. Das nennen wir Forstleute dann Sukzession durch Eigendynamik.

Waldgesellschaften entwickeln sich in natürlicher Zusammensetzung abhängig von den Standortsbedingungen, also vor allem allgemeine Lage, Höhe, Bodenbeschaffenheit, Wasserversorgung, Windverhältnisse und Temperatur. Es hat sich gezeigt, dass offenbar bestimmte Baumarten in ihrem Zusammenleben (Symbiose) gleich gut mit denselben Gegebenheiten zurechtkommen und sich daher ein – im wahrsten Sinne – gedeihliches Miteinander pflegen. Sie bilden dann bestimmte Typen von Waldgesellschaften, die von der forstwissenschaftlichen Fachdisziplin der Pflanzensoziologie erforscht werden.

Eine der in unseren Breiten bekanntesten und am häufigsten vorkommenden Waldgesellschaften ist der Europäische Falllaubwald, in dem die Baumarten Eiche, Rotbuche und Hainbuche dominieren. Doch auch hier gelten offenbar von Natur aus bestimmte Regeln des Zusammenlebens, und zwar noch bevor überhaupt ein Mensch eingegriffen hat. Da das Nährstoff- und Lichtangebot endlich ist, kann und wird sich nicht eine Baumart vollständig auf Kosten der anderen durchsetzen, und noch bevor die Bäume im Sommer ihr Laub tragen und damit die Ressource Licht auf dem Waldboden zur Mangelware wird, haben die Frühblüher, wie etwa das leuchtend weiß blühende Buschwindröschen, ihre Zeit. So schnell und überragend die Rotbuche beispielsweise in den ersten Jahren ihres Lebens wächst, im Vergleich zu einer Eiche etwa, so langsam und nahezu rücksichtsvoll, wächst sie später weiter, lässt ihre Nachbarn also praktisch herankommen, damit am Ende alle gemeinsam ein geschlossenes Blätterdach bilden können, das wiederum die Rotbuche benötigt, um ihren Nachwuchs gedeihen zu lassen.

Rotbuchen geben in vielen Waldgesellschaften den Ton an, teilen ihren Lebensraum aber je nach Standort auch mit Weißtannen und Stieleichen. Damit Rotbuchen ihre volle Leistungsfähigkeit in der Holzproduktion bringen können, müssen sie im sogenannten Dichtstand stehen. Sie brauchen also in gewisser Weise die jugendliche Konkurrenz, um sich zu entfalten. Andererseits sind sie im Alter sehr dominant, beschatten den Waldboden, was wiederum ihrem Nachwuchs zugutekommt, verändern den pH-Wert um sich herum und halten durch die Zusammensetzung ihrer herabfallenden Blätter, die noch viel Holzstoff (Lignin) enthalten, vielerlei Unterwuchs in Schach. Deswegen sehen Buchenwälder oftmals sehr »aufgeräumt« aus, weil der Waldboden eher kahl ist. Nur der gezielte forstliche Eingriff durch das Fällen einzelner Bäume, wodurch eine regelrechte Lichtinsel entsteht, schafft Raum für Neues und steigert die Artenvielfalt. Eichen sind da beispielsweise deutlich sozialer und toleranter, was ihr Umfeld angeht.

Gegenseitiger Austausch und ein auf Rücksichtnahme ausgelegtes Gesamtkonzept, das – äußere Störfaktoren einmal ausgeblendet – auf Langfristigkeit ausgelegt ist, bilden die Basis für die Good Governance einer Waldgesellschaft.

Eine Waldgesellschaft ist zugleich ein komplexes, nahezu vollchaotisches System, wie am Ende jeder Zusammenschluss von Lebewesen. Eine Pferdeherde hat zwar hierarchische Strukturen und damit ein soziales Gefüge, aber warum gerade etwas Bestimmtes passiert, zum Beispiel Unruhe aufkommt, welcher Parameter also gerade diese Reaktion hervorgerufen hat, ist weder genau vorhersagbar noch im Nachhinein exakt zu ergründen. Mittlerweile weiß ich aus geduldiger Beobachtung, dass um halb fünf am Nachmittag keine gute Zeit ist, um noch eine kleine Lektion mit meinem Rückepferd in Ausbildung zu machen. Dann ist nämlich Abendbrotzeit, es gibt frisches Heu, und die gesamte Herde steht in Reih und Glied in Richtung Hauptweg, um möglichst früh zu erspähen, wann die Schubkarren mit Heu kommen. Manchmal bin ich – zu geeigneteren Tageszeiten – auf dem Reitplatz, um mit Nero zu üben. Mit einem Mal schnellt eine Unruhe durch alle Tiere auf dem Hof. Am Ende schaut mich mein Pferd dann selbst fragend an, was denn nun gewesen sei? Ergründen lässt es sich nicht mehr, aber alle haben erst mal mitgemacht.

Wie aber ist es mit einer menschlichen Organisation, etwa einem Team in einem Unternehmen? Auch hier habe ich zwar eine klare Gliederung, oftmals detailliert beschrieben in einem Organigramm mit klaren Verbindungslinien, die sogenannte Berichtswege oder disziplinare Unterstellungen dokumentieren sollen. Manchmal ergänzt um *Dotted Lines*, also gepunktete Linien, die Berichtswege ohne disziplinare Unterstellung ausdrücken sollen. Letztlich gibt es aber auch hier eine Struktur hinter der Struktur, die oftmals auf Sympathien und Antipathien beruht. Wer fühlt sich in wessen Nähe besonders wohl, wer hat dieselben Interessen oder unterhält sich einfach nur gern mit dem anderen Menschen? Diese differenzierteren Faktoren kommen vielleicht in einem Soziogramm zum Vorschein, mit dem ich im Rahmen meiner Organisations- und Changemanagement-Beratung für Forstunternehmen gerne arbeite. Selbst nach dieser eher tiefgründigen und auf Vertrauen beruhenden Form der Analyse aber ist man nicht in der Lage, zu hundert Prozent korrekte Vorhersagen zu treffen, wie ein Team beispielsweise auf einen bestimmten Input reagieren wird: »Die Teamleiterin hat in ihren eigenen Jahreszielen die Vorgabe bekommen, die Lieferketten für die Produkte nachhaltiger zu gestalten. Sie weiß, dass sie die Chefin ist, weil das Organigramm sie in dieser Position zeigt. Sie weiß auch, dass ihr Stellvertreter und eine Mitarbeiterin aus einem ihrer Regionalbüros sehr häufig miteinander telefonieren und einander um Rat fragen, obwohl sie laut Struktur keine Verbindung zueinander haben. Gleichzeitig weiß sie auch, dass ein älterer Kollege, der sich Hoffnungen auf ihre Stelle gemacht hatte, die ›Informationsbörse‹ des Teams ist und Information manchmal mit ›Bewertung‹ verwechselt, jedenfalls aber einen guten Draht zu allen Mitgliedern ihres Teams hat. Bei der Verkündung des neuen Ziels und der Erarbeitung einer entsprechenden Teamstrategie hätte sie also mehrere Möglichkeiten, mindestens drei:

1. in einem offiziellen Teammeeting, das sie kraft ihrer Funktion leitet, das Ziel und ihre Ideen zur Strategie verkünden und die Umsetzung anordnen,
2. ihren Stellvertreter ins Vertrauen ziehen und über dessen Kommunikationskanäle erste Reaktionen testen oder
3. den älteren Kollegen zum Projektverantwortlichen erklären, um dessen Unterstützung zu bekommen und dessen Kommunikationskanäle zu nutzen.«

Vermutlich sind Ihnen beim Lesen dieser Zeilen aufgrund Ihrer eigenen Erfahrungen noch mindestens drei weitere mögliche Wege eingefallen. All das zeigt eines: Es gibt keine Möglichkeit, Ursache und Wirkung mit absoluter Sicherheit vorherzusagen, zumal es immer auch Wechselwirkungen gibt, die den Kreislauf von Neuem beginnen lassen.

Ich erinnere mich noch gut daran, als ich das erste Mal meine erste Führungsverantwortung und ein eigenes Team bekommen habe. Nach einem langen und sehr wettbewerbsorientierten Bewerbungsverfahren, in dem ich übers Wochenende eine »Case-Study« bearbeiten und vortragen sowie mehrere Bewerbungsgespräche mit meinem zukünftigen Chef und meinen zukünftigen Peers bestehen musste, wurde mir die Leitung eines hoch motivierten Teams der Siemens Healthcare GmbH (heute Siemens Healthineers AG) übertragen. Wir waren verantwortlich für das internationale Großkundengeschäft, und ich war »Head of Global Agreements«. Mein erster Arbeitstag in dieser Funktion war in gewisser Weise schon ein erhabener Moment. Was ich nicht wusste, war, dass meine Erfahrungen und Fähigkeiten im Bereich des Changemanagements bald schon auf eine harte Bewährungsprobe gestellt werden sollten. Noch bevor es richtig losging, kurz nachdem ich die Zusage bekommen hatte, habe ich mir ausgemalt, was ich alles verändern und umkrempeln will, was ich alles ausprobieren und alles umsetzen, ja auch besser machen will als das, was ich selbst erlebt habe. Dann kam der erste Tag, und ich war in dem Gefüge um mich herum der Neue, an den viele Erwartungen und Hoffnungen geknüpft waren. Und vielleicht gab es auch Ängste, was ich denn nun verändern oder anders machen würde. Im Laufe der Zeit, nachdem ich verstanden hatte, dass es erst mal eher um das Verstehen als um das sofortige Andersmachen geht, habe ich langsam für mich überlegt, wie mein Istzustand aussieht und was mein Zielzustand sein soll. Noch bevor es allerdings dazu kam, wurde das Geschäftsmodell von zentralistisch auf regional umgestellt, und ich musste für mein Team und mich eine neue Rolle in diesem Gefüge finden.

Mindestens genauso gut erinnere ich mich an den Tag, an dem ich meinen ersten Forstbetrieb übernommen habe. Dieser war in den letzten Jahrzehnten wenig bewirtschaftet worden, das heißt, es gab einiges zu tun, um festzulegen, wo in den nächsten Jahrzehnten die Reise hingehen sollte. Das erste Gefühl, wenn ich einen Bestand oder einen Forstbetrieb kennenlerne oder darin arbeiten darf, ist: Demut. Es ist die Demut vor der Arbeit der Generationen von Forstleuten, die vor mir ihre Ideen umgesetzt und Herausforderungen gemeistert haben, vor allem aber die Demut vor einem Ökosystem, dessen Teil wir sind und in dem wir immerhin die Möglichkeit bekommen haben, Impulse zu setzen. Eines kann auch eine noch so gute Planung und Vorbereitung nicht ersetzen, und das ist das Beobachten in und aus der neuen Rolle heraus.

Governance ist vor allem aber auch die Art und Weise, wie ich ein Unternehmen oder ein System führe. Eine Waldgesellschaft führt sich in gewisser Weise selbst, da es ein Zusammenspiel der verschiedenen Baumarten gibt, die einerseits führend, andererseits aber auch auf die Mithilfe der anderen angewiesen sind. Auch wenn es unter den Bäumen keine:n Chef:in gibt, so gibt es dennoch Führungsimpulse, die beispielsweise durch das Höhenwachstum oder die Beschattung des Waldbodens ausgelöst werden. Das System führt und reguliert sich damit aus sich selbst heraus. Wenn ich es mir zur Aufgabe gemacht habe oder mir die Verantwortung übertragen wurde, ein solches System zu führen, so muss ich mir einerseits dieser Impulse von innen heraus bewusst sein, ohne dennoch selbst gänzlich darauf zu vertrauen und gleichsam alles nur »laufen zu lassen«. Die Impulse, die ich setzen möchte, setze ich gezielt und setze sie mit einem klaren Ziel, das ich mir auch selbst setze. Wenn ich einen Bestand also beispielsweise dadurch resilienter gestalten möchte, dass ich eine bestimmte Baumart bewusst fördere, kann ich dies nur ganz oder gar nicht machen. Ein halbherziger Eingriff, also beispielsweise mal ein paar trockenheitsresistentere Traubeneichen zu pflanzen und sie dann ihrem Schicksal zu überlassen, ist nichts anderes als ein kurzes Anstupsen, das von inneren Impulsen des Systems schnell wieder überspielt wird.

Beantworten Sie sich folgende Fragen:

- Welche »Baumart« ist in Ihrem Unternehmen oder Ihrem Team dominant? Was zeichnet sie aus, wie gestaltet sie ihr Umfeld?
- Wie würde Ihr Unternehmen oder Ihr Team aussehen, wenn Sie nichts mehr täten? Warum?
- Wie lange (Hand aufs Herz!) haben Sie gebraucht, um das Ökosystem (Unternehmen/Team), in dem Sie gerade arbeiten, wirklich zu verstehen? Warum?

Bestandspflege

Organisationsmanagement auf die harte Tour?

Forstleute sehen den Wald mit anderen Augen, vielleicht manchmal sogar liebevoller als andere, weil sie von Beginn ihrer Ausbildung an lernen, sich vorzustellen, wie der Wald einmal aussehen könnte, wenn sie selbst schon lange nicht mehr sind. Im Grunde sind wir *Tree Coaches*, weil wir das, was die Bäume (für uns) tun, nicht selbst machen können, sondern sie hierbei bestenfalls unterstützen können. Bäume dazu zu bringen, über sich selbst hinauszuwachsen, ist für uns das Größte. Das ist es, was gute forstliche Betreuung oder Bewirtschaftung eines Bestands ausmacht.

Es geht damit los, vor dem inneren Auge den Wald in, sagen wir, zwanzig Jahren, in den meisten Fällen der nächsten Periode größerer Pflegeeingriffe entstehen zu lassen. Ein einzelner Bestand, also ein abgegrenzter Teil des Waldes, von Forstleuten tatsächlich auch ganz unternehmerisch »Abteilung« genannt, ist Teil des größeren Systems Wirtschaftswald, in dem sich dieser Bestand befindet. Dieser Wald ist ebenso Teil des Systems Landschaft, in dem sich dieser Wald befindet. Stellt man den Fokus immer weiter, gelangt man über das Ökosystem letztlich zu unserem Planeten selbst. Eines wird dabei klar, all diese Systeme greifen ineinander. Leider haben wir am Beispiel der Zerstörung des Regenwaldes sehr eindrucksvoll erfahren, wie sehr und wie schnell Eingriffe in einzelne Teilsysteme Auswirkungen auf das globale Ökosystem haben. Die Wechselwirkungen sind also offensichtlich. Allzu weit muss man jedoch gar nicht reisen, um Auswirkungen der Entwaldung zu spüren. Schauen Sie sich doch beim nächsten Regenguss einmal bewusst an, welchen Weg das Wasser wählt, wie schnell es fließt und letztlich auch wieder verschwindet. Das System Stadt ist nicht mehr darauf ausgerichtet, dieses Wasser zu halten oder gar zu speichern, wobei Bäume und unversiegelte Flächen eine große Rolle spielen. Das Umdenken, gerade auch im Bereich des Grünflächenmanagements oder des *Urban Forestry*, beginnt und setzt sich durch die Metropolen dieser Welt glücklicherweise fort. Der Umbau unserer Betonwüsten kostet jedoch auch Zeit und Geld. Diesen Umbau können und müssen wir selbst gestalten und sehen dessen Auswirkungen unmittelbar, ohne lange reisen oder Berichte im Fernsehen ansehen zu müssen.

Unser Ziel als Förster:innen ist es, anstatt der negativen Wechselwirkungen und regelrechten Strömungsabrisse vielmehr ein dauerhaftes, sich selbst erhaltendes System – ein *Infinite Game* – zu schaffen oder zumindest zu unterstützen. Bei einem *Infinite Game* kommt es nämlich gerade nicht darauf an zu gewinnen, sondern darauf, das Spiel möglichst lange zu spielen. Ein *Infinite Game* hat Systemerhaltung zum Ziel.

Einen Wald zu erhalten und auch für die Holzerzeugung zu nutzen ist allerdings alles andere als Hinsetzen und Abwarten nach dem Motto »die Bäume wachsen ja von allein«. Das tun sie zwar, der Wald jedenfalls, wie wir ihn in diesen herausfordernden Zeiten brauchen, allerdings nicht. Natürlicher Wald entsteht, wächst, verändert sich und vergeht. Ohne liebevolle forstliche Pflege gäbe es den sogenannten Dauerwald nicht. Der Dauerwald oder dessen besondere Form, der Plenterwald, ist ein Kulturgut, weil er nämlich der landläufigen Vorstellung entspricht, wie Wald auszusehen hat: stattliche Bäume, geschlossenes Kronendach, nachwachsende Generationen mittelhoch zwischen den herrschenden Großen und am Boden schon die Kleinsten in den Startlöchern, es dereinst den umliegenden Familienmitgliedern gleichzutun. Untersuchungen zeigen aber, dass, würde man von einer Bewirtschaftung des Waldes absehen, er so aussähe: große Bäume, die es geschafft haben, dann wenig direkter Nachwuchs auf der mittleren Ebene, schließlich erst wieder die Kleinsten am Boden, die dereinst übernehmen, wenn die Größten an Altersschwäche gestorben und umgefallen sind. Wenn das passiert, kommt mit einem Mal wieder viel Licht in den Wald, die Nachkömmlinge sehen sich der Konkurrenz der schnellen Nutznießer des neu gewonnenen Lichtreichtums ausgesetzt, ihr jahrelanges Ausharren im Schatten der Großen lohnt ihnen niemand. Erst über Jahrzehnte hinweg, wenn es einige geschafft haben, sich durchzusetzen und den Waldboden ausreichend zu beschatten, entstehen unter dem geschlossenen Kronendach wieder Lebensbedingungen, die es nachkommenden Baumgenerationen ermöglichen, weiter voranzukommen. Das Patriarchat oder Matriarchat tut also auch dem Ökosystem mittelfristig nicht gut. In den Zeiten des transformativen Zerfalls werden große Mengen Kohlendioxid frei. Auch die Funktionen, die der Wald im System Menschenhabitat erfüllt, nämlich Raum für Erholung zu bieten, ein besseres Mikroklima zu schaffen und Kohlendioxid aufzunehmen, wurden in den Zeiten des radikalen Umbruchs über viele Jahrzehnte hinweg zumindest geschmälert oder fallen ganz aus.

Einen Baumbestand kann ich über Generationen auch so entwickeln, dass die Holzproduktion regelrecht automatisiert ist, was vor allem die Kosten für Aussaat oder Pflanzung auf null reduziert, wenn ich im sogenannten Plenterwald einmal den Zustand des Plentergleichgewichts erreicht habe. Durch meine auf dauerhaften Erhalt des Gleichgewichts ausgerichtete Strategie sorge ich, quasi nebenbei, dafür, dass der Nachwuchs – das künftige erntereife Starkholz – genug Zeit hat, im Schatten und in Fürsorge der Älteren in Ruhe heranwachsen zu können. In der Gesamtstruktur ist der Bestand außerdem besser gerüstet gegen Schädlinge und Schadereignisse, da er durch seine Vielfalt weniger Angriffsfläche bietet.

Mancherorts ist allerdings diese Art der Bewirtschaftung unwirtschaftlich, oder es ist ein langer Weg bis zum erstrebten eingeschwungenen Zustand des Plenters. Dann gilt es vorauszuplanen und Raum für Wachstum zu schaffen. Einzelne große Bäume weichen und schaffen Raum und Licht für Neues. Mancherorts, auch das ist weder ein Geheimnis, noch ist es verwerflich, sind die Bedingungen auch genau richtig, um eine sogenannte Kurzumtriebsplantage zu betreiben, mit Bäumen also, zum Beispiel Weiden oder Pappeln, die bereits nach fünf Jahren einen Ertrag bringen, wenn sie geerntet und etwa zu Energieholz verarbeitet werden.

Aber auch der sogenannte Altersklassenwald, der im Wesentlichen gleichaltrige Bäume bis zu deren Erntereife enthält, kann und muss gepflegt und entwickelt werden. Schon in jungen Jahren entscheiden Förster:innen, welcher Baum dereinst wohl Zukunft hat und damit Unterstützung – mehr Licht und Raum zur Entfaltung – bekommen soll. Die ausgewählten Z(ukunfts)-Bäume werden »freigestellt«, das heißt, Konkurrenz im direkten Umfeld wird gefällt.

Und dann haben wir noch weitere Mitstreiter um die Nutzung der Bäume. Während wir auf längerfristigen Erfolg und Erhaltung aus sind, so sind andere – aus dringenden Gründen des Überlebens – auf kurzfristige Nutzung aus: Reh, Rothirsch und Co. Die nährstoffreichen jungen Triebe sind allzu verlockend und stehen ganz oben auf der Speisekarte der heimischen Wildarten. Zäune und ebenso kostspielige sogenannte Wuchsschutzhüllen sind keine dauerhafte Lösung, um finanziell nachhaltig Wald und Wild in Einklang zu bringen.

Was, wenn Ihre Mitarbeiter:innen Bäume wären? Sie würden nicht schneller wachsen, wenn Sie an ihnen zögen. Und dennoch würden sie jedes Jahr wachsen, aber nicht entsprechend ihrem Plan, sondern in einem Jahr mehr, dafür im anderen vielleicht weniger, und sie sind in Gefahr durch Einflüsse von außen (zum Beispiel anhaltende Trockenheit, Schädlinge wie etwa Käferbefall). Dennoch würden sie Ihnen – einen Totalausfall durch Brand mal außen vor gelassen – stetigen, langfristigen und nachhaltigen Ertrag bringen und Ihnen all das lohnen, was Sie ihnen angedeihen ließen, wie zum Beispiel mehr Licht und Raum zur Entfaltung durch Pflegemaßnahmen, Schutz des Nachwuchses gegen allzu hungrige Rehe oder manchmal auch Verbesserung der Bodenbedingungen durch Kalkung.

Entscheidend aber ist, dass nicht nur Sie diesen Vorteil hätten, sondern auch viele Millionen andere, nämlich all diejenigen, denen die CO_2-Bindung zugute kommt, diejenigen, die im Ökosystem ihren Lebensraum finden, und natürlich auch diejenigen, die sich an ihrem Anblick und der guten Luft bei einem Spaziergang erfreuen. All das aber sehen Sie erst, wenn Sie in anderen zeitlichen Dimensionen denken, in Dimensionen, in denen auch Ihre Mitarbeiter:innen denken. Freilich leben wir in Zeiten, in denen regelmäßige Wechsel des Arbeitsplatzes eher die Regel als die Ausnahme bilden, oftmals geht es aber weniger um den berühmten Tapetenwechsel, sondern vielmehr um fehlende Entfaltungsmöglichkeiten, ein schlechtes (Betriebs)klima und mangelnde Wertschätzung.

Ein Baum wächst auch nicht schneller, wenn ich ihn anschreie. Vielmehr muss ich mich damit beschäftigen, was genau er in seiner aktuellen Situation gerade benötigt, um mindestens den

Ertrag zu liefern, der planmäßig erwartet wird. Wenn ich die Leistungsfähigkeit darüber hinaus steigern möchte, dann muss ich mir weitere Maßnahmen überlegen, zum Beispiel Freistellung der Umgebung oder Verbesserung der Nährstoffversorgung, um die Rahmenbedingungen für den Baum zu verbessern.

Das sind meiner Ansicht nach auch Maßstäbe und Überlegungen, die ich bei der Entwicklung jedes anderen Lebewesens, mit dem ich zusammenarbeite oder zusammen mein Leben verbringe, anwenden kann, zumindest außerhalb einer Partnerschaft.

Auch bei der Entwicklung einer Organisation erreicht das beste Mitglied irgendwann einmal ein Stadium, in dem es in dem aktuellen Kontext nicht mehr weiter wachsen kann. Die Konsequenz dieser Situation zu ignorieren wäre ein mittelfristiger Rückschritt in der Produktionsfähigkeit bis hin zu einer Anfälligkeit für »Krankheiten«, die letztlich sogar zu einem Verlust des Mitglieds meiner Organisation führen oder gar negative Rückkopplungen in das Gesamtsystem auslösen können.

Stellen Sie sich einen Mitarbeitenden vor, für den Sie keine Entwicklungsmöglichkeiten mehr sehen oder mit dem Sie darüber nicht gesprochen haben. Was wird passieren? Oftmals stellt sich eine aus gefühlter Perspektivlosigkeit gespeiste Resignation ein, die in Unzufriedenheit, Frust und Ärger umschlägt. Diese Gefühle werden Ihren Mitarbeitenden durch den gesamten Tag begleiten. Sie werden es spüren, ebenso das private Umfeld und auch Ihre anderen Mitarbeitenden. Manche werde diese Stimmung vielleicht sogar übernehmen, weil sie vermuten, dass der Grund auch sie betrifft, und schon haben Sie die besten Zutaten für ein toxisches, jedenfalls aber nicht motivierendes Arbeitsumfeld.

Im Rahmen der Plenterwirtschaft überlege ich mir vorher, plane und arbeite darauf hin, was ich mit Bäumen tue, die die Umtriebszeit, die ich für sie vorgesehen habe, erreicht haben. Die

Plenterwirtschaft zielt gerade darauf ab, Starkholz zu erwirtschaften, das eben nicht verbrannt wird, sondern in hochwertige Verwendungen überführt wird wie zum Beispiel Möbel- und Furnierholz oder hochwertiges Bauholz, um die geschaffenen Werte dauerhaft im System zu binden und damit zu halten.

Auf diese Weise wird auch mein Investment in diesen Baum über weitere Generationen erhalten bleiben, da zumindest das gebundene CO_2 weiterhin im Holz gebunden bleibt, genauso aber auch die nachhaltige Nutzung. Gleiches gilt für ein menschliches Mitglied meiner Organisation. Auch wenn diese Person nicht mehr Mitglied meiner Organisation ist, bleiben doch die Werte und Akzente, die ich im Rahmen der Führungskräfteentwicklung in meinem Team gesetzt habe, weiterhin erhalten. Das Netzwerk bleibt erhalten und Möglichkeiten, zum einen den guten Ruf meines Unternehmens über die Menschen, die daran mitgewirkt haben, in die Welt zu tragen oder zum anderen auch, dass Mitarbeitende zu zukünftigen Kunden werden und dann wissen, mit welcher Qualität wir auch mit unseren Mitarbeitenden umgehen.

Keith Richards, legendärer Gitarrist der Rolling Stones, hat in einem Interview zu seinem achtzigsten Geburtstag den Satz gesagt: »Solos come and go, riffs last forever.« Übersetzt etwa: Ein Solo, das ich spiele und mit dem ich für einen kurzen Moment vom Publikum als Einzelner gefeiert werde, vergeht, aber meine Gitarrenriffs, bei denen schon nach dem ersten Takt klar ist, welches Lied folgt, sind für die Ewigkeit. Wollen Sie also lieber Solist:in sein mit auf lange Sicht verblassendem Ruhm oder etwas schaffen, das die Zeiten überdauert?

Probieren Sie doch einmal das folgende Experiment: Wenn Sie Ihre nächste Rede für die Hauptversammlung, das jährliche Megaevent Ihres Unternehmens oder vergleichbare Anlässe, zu denen gewöhnlich inspirierende, mitreißende und manchmal mahnende Reden gehalten werden, üben, tun Sie das nicht vor dem Spiegel, um vielleicht die noch stärkere oder eindrucksvollere Pose oder Geste zu üben, sondern tun Sie es im Wald. Suchen Sie sich ein ruhiges Plätzchen, vielleicht sogar einen Bestand, der noch in seiner Frühphase ist und noch viele Jahrzehnte der Entwicklung vor sich hat. Bedenken Sie dabei eines: Auch hier wenden Sie sich an sehr individuelle Lebewesen, an die auch Erwartungen von außen gestellt werden, zum Beispiel wie viel CO_2 im Jahr gebunden, wie viel neue Holzmasse produziert oder wie sehr die Temperatur im Wald gesenkt wird. Schließen Sie für einen Moment die Augen, atmen Sie die klare Waldluft, riechen Sie den Duft von Waldboden, fühlen Sie die erfrischende Kühle an einem heißen Sommertag auf Ihrer Haut. Was ist das für ein Gefühl? Warum?

Ähnlich Ihren Zielen, die Sie Ihren Mitarbeiter:innen in deren Jahreszielvereinbarungen – oder wie auch immer Ihr »Steuerungsinstrument« heißt – schreiben, habe ich auch in den von mir gemanagten Wäldern Jahres- und Ertragsziele, Forsteinrichtungspläne, die die Entwicklung des jährlichen Holzvorrats dokumentieren und fortschreiben. Eines aber kann ich nicht und versuche es auch gar nicht, nämlich mich vor »meine« Bäume zu stellen und ihnen »unser« Jahresziel in möglichst geschliffenen, motivierenden oder mahnenden Worten einzutrichtern. Jetzt können Sie sagen, sie würden es eh nicht hören. Das stimmt zwar, aber selbst wenn sie es hören könnten, würden sich aber ihre Rahmenbedingungen nicht ändern, weil nämlich das jährliche Wachstum von Standortsbedingungen, Klima und unzähligen weiteren Faktoren abhängig ist.

Ist das bei Ihren Mitarbeiter:innen so viel anders? Seien Sie ehrlich, und denken Sie an Ihre eigene Zeit zurück, als Sie noch nicht vorne am Pult oder auf der Bühne mit Headset standen, sondern in den Stuhlreihen saßen, erschöpft von den Workshops, die den Tag über schon überstanden werden mussten, in freudiger Erwartung der *Open Bar* oder eines *Special Act*, den das Unternehmen seinen hart arbeitenden Mitarbeiter:innen spendierte. Wie viel von den damals gehaltenen Brandreden ist bei Ihnen hängen geblieben? Wenn doch eine hängen geblieben ist, warum ist sie das?

Oft sind es die Botschaften und Reden, die tatsächlich versuchen, die Standortsbedingungen der Mitarbeiter:innen zu verbessern: Es geht um Mut, Ermutigung, Dankbarkeit (und zwar echte jenseits eines halbherzigen »Danke« …) und Vertrauen. All das sind Werte, die Menschen in ihrem Inneren, jenseits der Messbarkeit, jenseits von Zielerreichungskorridoren ansprechen und ihnen das Gefühl von Wertschätzung vermitteln. Damit wird aus einer Rede eine wirkliche Ansprache, weil die gesendeten Botschaften bei denen ankommen, für die sie gedacht sind. Sie schafft ein Umfeld, in dem ich mich wohlfühle, in dem ich gerne bin, weil mein Wert jenseits einer Zahl, die ich »abliefere« oder für deren Erreichung ich Verantwortung trage, wahrgenommen wird.

Genauso ist es auch bei der Arbeit mit Bäumen, an Bäumen und für Bäume. Ich als Person mag ihnen egal sein, bin es sogar ziemlich sicher, sofern ich nicht die Motorsäge ansetze und der Organismus von mir seines Wesentlichen beraubt wird. Nicht egal aber ist – auch jenseits einer metaphysischen Ebene –, wenn ich durch das, was ich tue, die Möglichkeiten zu wachsen verbessere, weil ich zum Beispiel für mehr Licht oder weniger Wild sorge. Denken Sie das nächste Mal daran, wenn Sie meinen, Sie könnten das Steuerrad mit einer Ihrer so viel gelobten (von wem, warum?) freien (oder gut eingeübten) Reden sprichwörtlich herumreißen und damit den sich vielleicht doch einstellenden Erfolg für sich verbuchen. Nehmen Sie besser mit einem Schuss Demut wahr, dass das Ökosystem, dem Sie die Ehre haben anzugehören und es führen zu dürfen, bereits auf dem richtigen Weg war und aus sich selbst heraus das geschafft hat, dessen Früchte nun alle gemeinsam für einen Moment betrachten und genießen.

Beantworten Sie sich folgende Fragen:

- ▷ Welche Mitglieder Ihrer Organisation sind bereits herangewachsen und reif für eine Veränderung? Welche kommen dann?
- ▷ Welche langfristigen Werte werden diese Mitarbeiter:innen aus Ihrer Organisation mitnehmen? Welche noch?
- ▷ Welche Werte möchten Sie, dass Ihre Mitarbeiter:innen aus Ihrer Organisation mitnehmen? Welche noch?

VI

Holzvermarktung

Volatile Märkte und regelmäßige Katastrophen

Es ist nicht mal drei Jahre her – in forstlichen Zeiträumen also ein Wimpernschlag –, da standen viele Waldbesitzer:innen vor den sprichwörtlichen Trümmern ihrer Existenz. Der Grund waren kleine, zugegebenermaßen nicht besonders niedliche Tierchen, die sich bei bestem Wetter und einer damit einhergehenden lang anhaltenden Trockenheit durch das Holz bis dahin gesunder Bäume gefressen hatten. Gemeint ist der mittlerweile allseits bekannte Borkenkäfer. Details zu Arten und deren spezifischem Paarungsverhalten erspare ich Ihnen hier. Wichtig ist, dass diese Tierchen, obwohl nur wenige Millimeter groß, in großem Stil Betriebsvermögen vernichten können, in etwa so, als wenn Ihr Unternehmen im Bereich der Elektronik unterwegs ist und die Mikrochips vor ihren Augen zu Sand zerfallen würden. Sie könnten erst einmal nichts anderes machen, als zuzusehen und zu überlegen, wer denn gerade solch immense Sandmengen braucht, um vielleicht noch einen Teil Ihrer Vorräte umsetzen zu können.

Sogenanntes Käferholz, obwohl meistens im Kern noch vollkommen in Ordnung und bestens selbst als Bauholz nutzbar, wollte (hier) niemand haben. Es hatte ja den Makel des »Käfers« und wurde höchstens naserümpfend gnädigerweise von langjährigen Abnehmern ausnahmsweise, allerdings mit erheblichen Abschlägen, gekauft. Das ist der Grund, wieso Sie vielerorts die zugegebenermaßen erbärmlich aussehenden Hänge mit mittlerweile stehend verrottenden toten Fichten sehen. Sie zu fällen hätte bedeutet, dem schlechten Geld noch einmal mit Schwung gutes hinterherzuwerfen. Mancherorts wurden die Bäume trotzdem gefällt, um noch vor Ort in Seecontainer für die lange Reise nach Asien verladen zu werden. Die über Jahrzehnte von den Bäumen mühsam aufgebaute positive CO_2-Bilanz wurde durch den langen Transport mit oft noch mit Schweröl befeuerten Containerriesen mit jeder zurückgelegten Seemeile weniger, um der Wahrheit die Ehre zu geben, aber pro sogenanntem Tonnenkilometer etwa viermal weniger als bei einem Überlandtransport mit Lkw.

Im Moment, als ich diese Zeilen schreibe, hat sich das Blatt gewendet. Ebenjene, die damals den Kauf des Käferholzes noch als gute Tat verstanden haben wollten, stehen heute bei jedem, der noch Fichte hat und ernten will, Schlange und bezahlen fast jeden Preis. Noch mehr Volatilität geht fast gar nicht. Die zuvor etwas süffisante Formulierung zum Umgang von Käufer und Verkäufer miteinander soll nicht darüber hinwegtäuschen, dass vielerorts nur die langjährigen vertrauensvollen Geschäftsbeziehungen der Holzeinkäufer:innen zu den Waldbesitzenden beziehungsweise den Staatsforsten dafür gesorgt hat, dass die Lieferbeziehung nicht vollkommen ruiniert, sondern nur auf eine besondere Probe gestellt wurde. Auch das ist eine Form der Nachhaltigkeit, die mit dem Rohstoff zusammenhängt, mit dem wir handeln. Jede:r in unserem Metier weiß, egal ob kaufend oder verkaufend, dass es Jahre mit besonderen Belastungen gibt. Die Forstwirtschaft verwendet hierfür sogar ein dramatisches altes Wort, das die Bedrohlichkeit der Lage besonders unterstreicht: Kalamität! In Jahren solcher Kalamitäten sind alle betroffen, nicht nur diejenigen, deren Holz gerade »auf dem Stock« zerstört wird. Ein Verständnis für die gegenseitigen Abhängigkeiten und eine damit verbundene Solidarität sichern Arbeitsplätze. Der regelrechte Verfall der Sitten – anders kann ich das überhebliche Gebaren, das ich zuletzt im Vertrieb von hochwertigen Medizinprodukten an internationale Klinikbetreiber erlebt habe und das Methoden der Automobilbranche kopiert, nicht bezeichnen – war und ist nichts anderes als Erpressung. Jedenfalls aber ist es ein *Finite Game* anstelle eines auf Nachhaltigkeit und Fairness zielenden Systems gegenseitigen Ausgleichs.

Der Unterschied zwischen einem *Finite* und einem *Infinite Game* ist, dass Ersteres darauf gerichtet ist, dass ein Teilnehmender gewinnt und das Spiel damit endet. Beim *Infinite Game* spielen die Beteiligten mit dem Ziel, weiterzuspielen. Wer hat denn noch Lust, mit ebenjenen Einkäufer:innen, die einen im letzten Jahr noch regelrecht wie Abschaum oder Bittstellende behandelt haben, eine Umverteilung von Material zu verhandeln? Eine nur noch automatisierte elektronische Holzbörse, in der sich Verkäufer:innen und Käufer:innen nicht mehr kennen und damit auch egal ist, was morgen ist, zerstört Vertrauen als wichtigste Grundlage nachhaltigen Wirtschaftens. Nur wenn ich sicher sein kann, dass mein Gegenüber nicht auf kurzfristigen Vorteil zu meinen Lasten aus ist, bin ich auch bereit, selbst längerfristig zu denken und meine Planungs- und Erfolgshorizonte neu zu definieren.

In wenigen Branchen kann ein einziges Ereignis das gesamte Lager eines Unternehmens für Generationen zerstören, ohne dass es eine Chance gibt, es wieder zurückzubekommen. Ein Waldbrand schafft aber genau das. Auf ein solches Jahrhundertereignis kann man sich schwerlich vorbereiten. Keine Feuerwacht, kein Brandschutzstreifen und keine Löschstelle der Welt können einen Waldbrand verhindern. Die Mär des sich über eine Glasscherbe selbst entzündenden Unterholzes können Sie übrigens getrost vergessen, bis auf Blitzschlag sind alle Waldbrände menschengemacht, egal ob absichtlich oder aus Unachtsamkeit.

Wie gehen wir mit dieser Bedrohung um? Nun, zunächst einmal erkennen wir an, dass es sie gibt, und zwar egal, wo mein Bestand oder mein Unternehmen sich befindet. Die Zeiten, in denen wir mit einem etwas bedauerlichen Blick in Richtung Brandenburg blickten, wo es in der Waldbrandsaison ständig irgendwo brennt, sind vorbei.

Ich selbst war im Spätsommer 2022 in großer Sorge um meinen Betrieb, obwohl er nicht nur weit entfernt von »klassischen« Waldbrandgebieten liegt, sondern sogar auch noch so zusammengesetzt ist, wie wir es in hundert Jahren gerne überall hätten, nämlich ein Mischwald mit dominanter Buche und Eiche, die mangels eigener Harzvorräte in lebendem Zustand bekanntlich sehr schlecht brennen. Mein Problem war eher der Unterwuchs, insbesondere die Blätter des letzten Jahres, die durch die Dürrekalamität trocken wie Pergament waren. Darüber hinaus litten auch meine Bäume unter dem Wassermangel, hatten damit in ihren Stämmen deutlich weniger Wasser gespeichert, als es zu dieser Jahreszeit üblich und nötig gewesen wäre. Eine unachtsam weggeworfene Kippe hätte gereicht, und alles wäre lichterloh in Flammen aufgegangen. So weit ist es zum Glück nicht gekommen. Das für mich daraus entstandene Projekt aber war, mich mit der örtlichen Feuerwehr über die Geländegängigkeit ihrer Fahrzeuge und die perspektivische Anschaffung eine Lösch-Unimogs zu unterhalten, einmal ganz abgesehen von Fortbildungen im Bereich der Waldbrandbekämpfung. Meine Strategie ist langfristig und setzt vor allem auch auf Vernetzung mit denjenigen, die mich unterstützen können und müssen, da ich die Herausforderung – und Gefahr – allein nicht meistern kann.

Beantworten Sie sich folgende Fragen:

- ▷ In welchen Ihrer Produkte ist der Wurm drin? Warum?
- ▷ Mit welchem Ihrer Kunden oder Lieferanten möchten oder würden Sie am liebsten nie wieder Geschäfte machen? Mit welchen noch?
- ▷ Mit welchen Ihrer Kunden oder Lieferanten sind Sie schon gemeinsam durch schwere Zeiten gegangen? Warum?

VII

Die Macht der Veränderung

Ein Wald ist ständig in Bewegung, von innen und von außen. Selbst die leisesten Lüftchen animieren die mächtigen Kronendächer zu sanften Tänzchen, oder der Wald sorgt durch sein Mikroklima selbst für Luftveränderung und damit für Bewegung. Von innen heraus lebt der Wald mit seinen Milliarden von Organismen, die ihrerseits – egal ob groß oder klein – irgendwo zwischen Leben und Tod sind. Ein Wald ist als dynamisches Ökosystem niemals statisch, so beständig und fest er für unser betrachtendes menschliches Auge auch erscheinen mag. Selbst etwas so unveränderlich Anmutendes wie der Wald kann, ja will sich sogar nicht nicht verändern. Er muss sich verändern, um weiterzubestehen.

Das System Wald unterliegt einem ständigen und endlosen Veränderungsprozess, auch wenn einzelne Teile, und zwar die größten für uns sichtbaren Teile, nämlich die Bäume, selbst das Statischste sind, das wir auch in unserer Alltagssprache ausdrücken können. »Fest wie ein Baum« heißt es doch. Diese Statik stimmt aber allerhöchstens für Seitenbewegungen oder Ortsveränderungen. Bezogen auf einen einzelnen Baum und seine potenziellen Nachkommen, kommen Rotbuchen immerhin auf eine Wanderungsgeschwindigkeit von durchschnittlich zweihundert Meter pro Jahr. Die größten Sprünge machen jene Baumarten, die als Fortbewegungsstrategie auf den Wind setzen, Birken beispielsweise, wobei sie geschätzt auf maximal etwa fünfhundert

Meter jährlich kommen. Zugegebenermaßen eine Geschwindigkeit, die Flucht als Strategie gegen die sich beschleunigende Klimaveränderung dauerhaft ausschließt. Andere Dimensionen, insbesondere die Veränderung in der Vertikalen, also das Höhenwachstum, ist die Bewegungsrichtung der Wahl für Bäume.

Nicht unterschlagen werden sollen allerdings diejenigen Teile des Ökosystems Wald, die sich sehr sichtbar für uns fortbewegen, die Tiere. Wölfe schaffen bis zu siebzig Kilometer pro Tag. Sie sind, soweit sie in einem Waldgebiet vorkommen, also der dynamischste Teil dieses Systems. Rotbuchen können bis zu fünfzig Zentimeter pro Jahr in die Höhe wachsen, allerdings nur dann, wenn es ihnen die Rahmenbedingungen erlauben und es für sie sozusagen an der Zeit ist, an Höhe zuzulegen. Eine Weißtanne kann es auf vierzig Zentimeter pro Jahr bringen, kann aber auch über Jahrzehnte im sogenannten Unterstand verharren und erst dann loslegen, wenn das Verhältnis von Licht, Wasser und Nährstoffen passt und ihr gleichermaßen den Startschuss gibt, in die Höhe zu schießen. Neben dem Wachstum in die Höhe ist, zur großen Freude der Forstleute, die gleichförmige Bewegung in die Breite, also das querschnittliche Wachstum, eine sicht- und messbare Bewegung von Bäumen. Das neu produzierte Holz lässt den Umfang des Baumes wachsen.

Diese einzelnen, teilweise allerkleinsten Veränderungen sind in der systemischen Betrachtung ein mächtiger, ja lebenswichtiger Prozess für das gesamte Ökosystem Wald. Das Durchleben der Jahreszeiten mit all ihren speziellen Herausforderungen, Kälte und Frost im Winter, Wildverbiss der jungen Triebe im Frühjahr, Trockenstress im Sommer oder Temperaturschwankungen im Herbst, lässt den Wald am Ende eines Zyklus immer größer werden, selbst wenn sogar die Holzmasse teilweise abnimmt. Eine Verschlankung einzelner Teile schafft durch deren Zersetzung neuen Nährboden und durch entstehende Lichtinseln mehr

Entfaltungsfläche für künftige Generationen, die schon in den Startlöchern stehen.

Ich finde es immer wieder faszinierend zu beobachten, wie schnell sich ein Wald verändert und welche Kraft in diesem Veränderungsprozess steckt. Teile dieser Kraft nutze ich selbst, um das produzierte Holz zu ernten. Der Großteil dieser Kraft ist aber nach innen gerichtet, sichert das Überleben des Systems und liefert darüber hinaus für dynamischere Teile des Systems, wie etwa das Wild oder auch uns Menschen, unverzichtbare Lebensgrundlagen. Allen voran Sauerstoff – eines von vielen Produkten des Waldes, das Ergebnis des Veränderungsprozesses ist. Statik würde nicht nur den Wald, sondern auch uns schlicht sterben und am Ende aussterben lassen.

Beantworten Sie sich folgende Fragen:

- ▷ Wie groß ist Ihre durchschnittliche Wanderungsgeschwindigkeit? Wie können Sie diese beeinflussen?
- ▷ Was produziert Ihr System (Ihr Team, Ihr Unternehmen) quasi von alleine? Warum ist dieser Prozess so unsichtbar?
- ▷ Welche Teile Ihres Systems sind am dynamischsten? Warum?

VIII

Jeder will was anderes?

Ein System lebender Organismen, egal welcher Größe, wird davon bestimmt, dass mit dem Wunder des Lebens der Wille zum Überleben untrennbar verbunden ist. Das System strebt also nicht nur nach Veränderung um der Veränderung willen, sondern erstrebt teilweise ganz unterschiedliche Ziele, die sogar im Gegensatz zueinander stehen können.

Einer meiner geschätzten Kollegen erzählte mir neulich, dass seine Firma gerade ein Projekt betreue, bei dem es um die »Kontrolle« von Misteln gehe. Diese uns vor allem aus den *Asterix*-Comics namentlich bekannte Pflanze zählt zu den Sandelholzgewächsen und hat die für ihre Wirtsbäume recht unangenehme Eigenart, sich direkt in deren »Eingeweiden«, nämlich im sogenannten Kambium und im Xylem, zu verankern. Damit wachsen sie nicht nur auf, sondern regelrecht in den Bäumen. Mir selbst wird es beim Schreiben dieser Zeilen ein bisschen unbehaglich, und ich muss unweigerlich an Alienfilme mit Sigourney Weaver denken … Das geht sogar so weit, dass sie ihre Wirte erwürgen, indem sie ihnen das Wasser abdrehen. In der Folge sterben die betroffenen Bereiche ab und können damit zur Gefahr anderer Wald- oder Parknutzender, nämlich uns Menschen, werden. Ein abbrechender Ast von mehreren Hundert Kilogramm Gewicht veranstaltet nicht nur einen gehörigen Radau, wenn er abbricht, sondern tut auch sehr, sehr weh, wenn man zur falschen Zeit am falschen Ort ist und ihn auf den Kopf bekommt. Dieses kurze

Beispiel zeigt schon mindestens vier Protagonisten, deren Interessen hier betroffen sind: den Wirtsbaum, die Mistel, die Erholungsuchenden und die für den Baum und seine Sicherheit Verantwortlichen.

Auf etwas größerer Bühne finden sich dann alleine nur auf der menschlichen Ebene eine Vielzahl weiterer Stakeholder: Waldbesitzende, Erholungsuchende, Aktivist:innen jeder Couleur, die vornehmlich ihre »Botschaft« auf der Waldbühne präsentieren wollen, aber – und das gilt es nicht zu vergessen – auch jede:r, die mit und vom Wald und von seinen Erzeugnissen lebt, vom Forstunternehmen und seinen Beschäftigten bis hin zu Herstellern von Maschinen und Werkzeugen für die Forstwirtschaft und die Holz-, Möbel- und Zellstoffindustrie. Das sind nach Angaben des Deutschen Forstwirtschaftsrats über eine Million Menschen.

Aus berühmter Managementliteratur kennen wir den Aufruf, bei widerstreitenden und vermeintlich unvereinbaren Interessen einfach »den Kuchen größer« zu machen. Das scheint beim Wald etwas schwieriger zu sein. Gerade im Bereich der menschlichen Nutzung kann ich einen Bestand nicht gleichzeitig bewirtschaften und nicht bewirtschaften. Das gemeinhin so erstrebenswerte Win-win scheint hier nicht möglich zu sein. Oftmals ist es das aber doch, zumindest dann, wenn Ziele jenseits von Ideologien deutlich formuliert werden.

Es ist ein Privileg in unserem Land, dass wir für den Wald keinen Eintritt bezahlen müssen, sondern jede:r ein sogenanntes allgemeines Betretungsrecht genießt. Das ist keine Selbstverständlichkeit. Einer meiner ehemaligen Studienkollegen arbeitete eine Zeit lang in Kenias Hauptstadt Nairobi. Dort kostet der Stadtwald, der tausend Hektar große Karura Forest, Eintritt, und zwar bis zu fünf Euro pro Tag. Der weltbekannte Yosemite Nationalpark in den USA kostet immerhin siebzig US-Dollar pro Jahr. Der Wald und diejenigen, die für seine Erhaltung arbeiten, liefern uns Leistungen, für die wir andernorts – völlig selbstverständlich – bezahlen.

Nur weil bei uns in Deutschland der Wald und dessen Unterhaltung, zumindest wenn er in öffentlichem Eigentum ist, aus Steuergeldern und zu einem geringeren Teil aus Holzerträgen finanziert wird, heißt das nicht, dass Wald »umsonst« ist. Was bedeutet das? Letztlich ist es eine Frage der Wertschätzung und Anerkennung. Wir alle kennen den bekannten Spruch »Was nix kost', is' nix!«. Das bedeutet aber nicht, dass Kostenloses wertlos ist, sondern nur, dass mir durch einen Preis, der zu zahlen ist, jemand die Entscheidung abgenommen hat zu bestimmen, wie hoch der Wert ist. Es geht aber doch vor allem darum, den Wert von dem, was ich für mich in Anspruch nehme, zu erkennen. Die Messgröße, die wir dafür kulturell eingeführt haben, ist nun mal Geld.

Gerade in den glücklicherweise hinter uns liegenden Zeiten der Coronapandemie haben wir erfahren, dass es Geräte gibt, die die Luft reinigen. Wer gezwungen war, zum Beispiel für ein Klassenzimmer oder einen Seminarraum ein solches Gerät anzuschaffen, weiß, wie teuer das werden kann, oft mehrere Tausend Euro. Für gesunde Luft sind wir also grundsätzlich bereit, Geld zu bezahlen, für gesundes Wasser sowieso, auch wenn es wie selbstverständlich aus der Leitung kommt. Beides liefert der Wald für uns, teilweise rund um die Uhr. Gleiches gilt übrigens für unsere Gesundheit. Einer meiner Lieblingssprüche ist: »Ich brauche keine Therapie, ich gehe in den Wald!« Auch wenn ich das trotz meines Berufs leider (noch) nicht jeden Tag tun kann, merke ich dennoch, wie sehr mir der Wald guttut. Auch das ist eine Leistung, die uns das Ökosystem Wald »umsonst« zur Verfügung stellt. Zu berechnen, was wir dafür an Geld sparen, ist beliebig kompliziert und dient am Ende doch nicht dem Zweck, hieraus einen Preis abzuleiten. Eine umso wertvollere Berechnung kann jeder von uns selbst anstellen, hierbei muss am Ende nicht einmal eine Zahl stehen, aber trotzdem ein Wert: »Was gibt mir der Wald?« Schnell komme ich aus ersten Versuchen der Berechnung – Kosten der Luftreinigung, Wasserversorgung, ersparte Heilungskosten – hin zu Schätzungen, die schnell greifbare Zahlenräume verlassen. Damit bin ich endlich bei dem angekommen, worauf es wirklich ankommt: Wertschätzung!

Der Wald kann mich lehren, die Zeit der Ruhe und Erholung, die er uns schenkt, dazu zu nutzen, ihn wertzuschätzen und darüber nachzudenken, was er mir gibt. Daraus kann ich dann ableiten, warum das so ist, und damit bin ich dann beim Interesse, dass ich daran habe, dass es Wald jetzt und für künftige Generationen gibt. Wichtig ist, dass ich aus all den »Forderungen«, die gestellt werden und die durchaus widerstreitend sein können, den Kern, nämlich das Interesse, herausschäle. Damit wird aus einer Forderung, den Wald sich selbst zu überlassen, recht bald zum Beispiel ein Interesse daran, dort Ruhe zu finden, die nicht vom Lärm eines Harvesters oder einer Motorsäge gestört werden darf. Das aber ermöglicht auch wiederum denjenigen, die fordern, dass der Wald bewirtschaftet werden muss, ihr Interesse zu formulieren, nämlich davon zu leben oder Geld zu erwirtschaften, um den Wald zu pflegen und zum Beispiel neue Bäume zu pflanzen. Interessen sind viel besser miteinander in Einklang zu bringen als Forderungen, die häufig absolut daherkommen. Schon sind wir dabei, dass selbstverständlich diejenigen, die vom Wald und dessen Bewirtschaftung leben, auch ein Interesse daran haben, sich dort zu erholen. Darüber hinaus haben sie eben noch ein weiteres Interesse, das sich aber durch einen verständnisvollen Umgang durchaus damit vereinbaren lässt, zumal im Wald sowieso nicht rund um die Uhr gearbeitet wird. Bäume werden in der Regel im Winter während der sogenannten Saftruhe gefällt, idealerweise bei Frost, wenn auch der Waldboden beschädigungsärmer befahren werden kann.

Beantworten Sie sich folgende Fragen:

- ▷ Wer gräbt Ihnen gerade innerlich das Wasser ab? Bei wem haben Sie es sich gemütlich gemacht?
- ▷ Was geben Sie umsonst? Welchen Wert hat es für Sie? Welchen Wert hat es für andere?
- ▷ Was ist Ihre wichtigste Forderung an Ihr Unternehmen? Was ist die wichtigste Forderung Ihrer Mitarbeiter:innen an Sie? Welche Interessen sind dahinter verborgen?

IX

Wieso ist uns der Kunde (zu oft) egal?

Wir haben als Förster:innen in der Vergangenheit leider viel falsch gemacht, und zwar so sehr, dass es das System, in dem wir uns bewegen, schwer durchgerüttelt und erschüttert hat. Hierbei meine ich übrigens nicht die so viel gescholtenen sogenannten Monokulturen, die von Stürmen und Borkenkäfern mittlerweile der Reihe nach dahingerafft wurden. Ich meine vielmehr uns selbst.

Seit den Neunzigerjahren des letzten Jahrhunderts haben wir uns praktisch ausschließlich um uns selbst gedreht. Eine Strukturreform jagte die nächste, Forstämter wurden zusammengelegt, Personal wurde großflächig eingespart, und die Zuständigkeitsbereiche der Revierleiter:innen wurden gefühlt bis ins Unendliche erweitert. Wann ist Ihnen das letzte Mal ein Forstmensch im Wald begegnet, der vielleicht obendrein Zeit für ein kleines Pläuschchen hatte oder Ihnen sogar eine spannende Geschichte über ebenjenen Wald erzählen konnte, in dem Sie sich beide gerade getroffen haben? Ich fürchte, Ihre Antwort zu kennen. Bei mir reichen die Erinnerungen sehr weit zurück, wenn ich jetzt einmal meine Treffen im Kolleg:innenkreis im Wald nicht mitzähle.

Wir sind wie Rehe im Wald – meistens unsichtbar. Das hat sich schwer gerächt, weil wir nämlich das Bild von dem, was wir für den Wald und mit dem Wald tun und wie sehr es uns auch selber schmerzt, die Arbeit von Generationen unserer Vorgänger zerstört zu sehen, nicht mehr selbst gemalt haben, sondern nur noch bestenfalls zur Leinwand für die Geschichten anderer geworden sind. Während wir uns mit neuen Organisationsstrukturen, Privatisierungen und teilweise sogar Kartellverfahren herumgeärgert haben, haben andere »den Wald« und das, was wir dort tun, in ihre Geschichte aufgenommen. Zu spät haben wir dann gemerkt, wie sehr sich der Wind gedreht hatte und dass teilweise sogar unsere Harvesterfahrer:innen regelrecht angefeindet werden, wenn sie im Wald »erwischt« werden.

Dieses Narrativ umzudrehen und deutlich zu machen, dass wir als Forstleute zuallererst das Interesse an einem gesunden und klimafitten Wald haben, weil wir diesen einzigartigen Beruf und damit den Wald lieben und es uns das Herz bricht, den Wald sterben zu sehen, ist unfassbar schwer und wird uns in einer Generation wohl nicht gelingen.

Auch unser eigenes Verständnis und damit unsere Rolle in der Gesellschaft müssen wir nachhaltig verändern und auch an einigen Stellen unser Verhalten umstellen. Zugegebenermaßen waren uns nämlich all die anderen, die in »unserem« Wald auch nicht nur sein wollten, sondern es auch dank des allgemeinen Betretungsrechts sein durften, oftmals egal oder sogar lästig. Das jedoch sind und waren unsere Kund:innen, nicht nur, weil sie ab und zu das Brennholz oder Wildbret bei uns kaufen, sondern weil sie unseren Arbeitsplatz zu ihrer Erholung und Inspiration nutzen.

Wir sind trotz der Ignoranz der Bedürfnisse unserer Kund:innen zwar nicht gleich total vom Markt verschwunden, aber unser Ansehen hat dicke und tiefe Schrammen bekommen. Bei all der umsichtigen Planung, die ansonsten unser Wirtschaften und Handeln bestimmt, haben wir gerade an dieser Stelle nicht aufgepasst.

Beantworten Sie sich folgende Fragen:

- ▷ Wann haben Sie das letzte Mal einem Ihrer Kund:innen Aug' in Aug' gegenübergestanden und sich über deren Bedürfnisse unterhalten?
- ▷ Wann sind Sie das letzte Mal einen Schritt zurückgetreten und haben Ihre Organisationen und deren »Themen« von außen betrachtet?

X

Wissen wir es wirklich (besser)?

Wie viele von Ihnen können Vorhaltungen wie »Siehste!«, »Ich habe es dir ja gleich gesagt!«, »Das musste ja so kommen!« oder auch »War ja klar!« nicht mehr hören? Ich habe lange darüber nachgedacht, was genau mich daran stört, abgesehen von der versteckten Häme, die oft damit einhergeht. Am Ende habe ich für mich eine Antwort gefunden: Es ist die Arroganz. Die Arroganz, mehr zu wissen und weiter in die Zukunft blicken zu können als andere.

Diese retrospektive Vision (!) oder vielmehr deren Abwesenheit unterscheidet Miesmacher:innen von Unternehmer:innen. Wenn ich in meinem Forstbetrieb vor einem Bestand stehe, dem im Zuge der von uns Menschen angezettelten Klimaveränderung sprichwörtlich die Puste oder in den meisten Fällen das Wasser ausgegangen ist, käme mir nicht einmal in meinen kühnsten Träumen der Gedanke, dass ich vor etwa hundert Jahren, als einer meiner nun sterbenden Fichtenbestände angelegt wurde, kopfschüttelnd neben meinem damaligen Kollegen gestanden hätte und ihm davon abgeraten hätte, genau das zu tun, wovon alle, die es wussten oder wissen mussten, überzeugt waren. Auch jetzt werde ich ihm nicht ins Grab ein hämisches »Siehste!« oder ein »Wie konntest du nur!« hinterherrufen. Ob das, was wir momentan tun, dem Urteil unserer Nachfolger:innen standhält, wissen wir nicht. Jedenfalls aber tun wir das, was wir als Forstleute tun, nicht wider besseres Wissen.

Genauso ist es mir auch in den Unternehmen ergangen, in denen ich eine Zeit lang die Geschicke einzelner Abteilungen lenken durfte. Ob am Ende ein Produkt zündet, ist – seien wir ehrlich mit uns – vielfach von Umständen abhängig, die wir nicht beeinflussen oder gar vorhersehen, manchmal nicht einmal im Nachhinein verstehen können. Wie viele gute Erfindungen kamen einfach zur falschen Zeit oder – noch schlimmer – wurden den falschen Leuten präsentiert? An meinem Timing kann ich zwar arbeiten, die äußeren Bedingungen zu hundert Prozent bestimmen kann ich aber nicht.

Entscheidend ist, was mich auch bei der Einschätzung der Leistung meiner Teams – und meiner eigenen – geleitet hat: Ist er oder sie hundertprozentig bei der Sache und mit ganzem Herzen und professioneller Leidenschaft dabei? Wenn nicht, war es meine Aufgabe herauszufinden, warum jemand hinter seinem sicherlich vorhandenen Potenzial zurückblieb. Was aber kann ich noch tun?

Wenn ich mir den eben schon erwähnten Fichtenbestand anschaue, dann sehe ich viele Bäume, die ihr Potenzial nicht mehr entfalten können. Es ist Zeit für einen Wandel, und zwar nicht für einen langsamen, behutsamen Prozess, sondern einen radikalen Einschnitt. Die Fichten werden alle gefällt, um noch wenigstens einen Teil als solides Bauholz verkaufen zu können. Das Geld reinvestiere ich in den Aufbau eines neuen, meiner aktuellen Einschätzung nach klimafitteren Bestands. Dabei ist mir aber eines aufgefallen: Direkt neben dem kränkelnden Bestand hat sich bereits eine neue Generation Birken ihren Platz gesucht. Die Birke ist eine sogenannte Pionierbaumart, quasi das Start-up des Waldes. Sie braucht wenig, um loszulegen, probiert einiges aus und wächst zügig, produziert also ein vorzeigbares Produkt.

Als ich vor etwa dreißig Jahren als forstlicher Eleve neben einem erfahrenen Revierförster stand, hielt der mir noch einen

Vortrag über das »Unkraut« des Waldes und darüber, dass er in seinen Beständen keine Birken haben wolle. Nun, lieber Klaus, da muss ich von deinem weisen Urteil nun leider abweichen und wage es, den Birken ihren Raum zu geben. Auf der neuen Fläche nach den Fichten werde ich vielleicht sogar ein paar Birken pflanzen, einfach um auch dem Boden die Chance zu geben, sich ein wenig zu erholen. Damit wird der Altbestand zu meinem Inkubator für neue und dauerhafte Bestände, in fünf bis zehn Jahren kommen dann ein paar Eichen dazu.

»Meine« Problemkinder sind leider die Buchen, die extrem unter den Veränderungen leiden und bei denen ich noch nicht weiß, was ich tun kann, um sie zu retten. Erst einmal aber werde ich ihnen Zeit geben und sie beobachten, sogar digital vernetzen. Und zwar werde ich mit echten digitalen Sensoren ein *Internet of Things* im Wald aufbauen, quasi als *Internet of Trees* (kein *Wood Wide Web!*), um die Entwicklung ihrer Wasserversorgung zu verfolgen. Sollte ich feststellen, was ich heute noch nicht wissen kann, dass es keine Erholung mehr geben wird, dann werde ich auch diesen Premiumbestand umbauen müssen. Schon jetzt weiß ich, dass mir jede Buche, die ich dafür vor ihrer geplanten Zeit fällen muss, in der Försterseele wehtun wird.

Einzelne Buchen werden zur Erhaltung und Steigerung der Biodiversität bleiben und vielleicht auch durch eigene genetische Veränderungen klimafittere Nachkommen hervorbringen, der Großteil wird aber andere als Möbel oder Parkett erfreuen und mir Gelegenheit geben, meine Lärchen, die ihre Anpassungsfähigkeit schon unter Beweis gestellt haben, mehr zu fördern.

Ob ich wirklich das Richtige tue, weiß ich nicht, aber meine Nachfolger:innen werden von mir wohl nicht behaupten können, ich hätte mir keine Gedanken gemacht oder gar wider besseres Wissen gehandelt.

Beantworten Sie sich folgende Fragen:

- ▷ Wann sind Sie das letzte Mal mit einer retrospektiven Vision konfrontiert worden? Was haben Sie gemacht? Warum? Warum nicht etwas anderes?
- ▷ Von welchem Ihrer Premiumprodukte werden Sie sich innerlich verabschieden müssen? Warum? Was wird an deren Stelle treten?

XI

Der Blick zurück schärft die Strategie für morgen

Wenn wir durch den Wald gehen und gerade im Herbst frische Holzpolter – die manchmal mächtigen Stapel frisch geschlagenen Holzes – sehen, gehen wir an Geschichtsbüchern vorbei, die viel zu erzählen haben. Jeder einzelne Stamm hat nicht nur seine eigene Geschichte, sondern hat sie auch für die Nachwelt festgehalten, nämlich in seinen Jahresringen. An der Art und Weise, wie sie verlaufen, wie sie aussehen und wie dicht beieinander sie sind, lässt sich ablesen, wie das Jahr ihrer Entstehung für den Baum gewesen ist. Jahresringe zu zählen ist eine besondere Geduldsaufgabe, zeigt aber oft, wie alt bereits eher dünne Baume sind, die man vielleicht deutlich jünger geschätzt hätte. Ein Waldspaziergang, der sowieso immer eine Erlebniswanderung ist, wird durch dieses Detektivspiel noch spannender. Jahresringe zu zählen ist die eine Sache, sie zu entziffern ist die andere … noch viel spannendere.

Der Baum bildet sein Holz im sogenannten Kambium. Dessen Teilungstätigkeit verändert sich über das Jahr und bildet so das Frühholz im Mai/Juni und das Spätholz im Juli/August. Frühholz zeigt sich in der Ringstruktur gelblich weiß, Spätholz deutlich dunkler. Wenn sich nun in diesen produktiven Phasen die Rahmenbedingungen, insbesondere das Wetter, verschlechtert, dokumentiert der Baum das in seinen Jahresringen. Ist es beispielsweise zu trocken und zu heiß, bleibt weniger Energie übrig, um Holz zu bilden. Damit ist der Jahresring insgesamt dünner oder der Abstand zwischen hellem und dunklem Teil geringer. Diese Jahresbilanz ist auch absolut revisionssicher, denn weder der Baum noch der Mensch kann sie nachträglich ändern, also im nächsten Jahr noch »was drauflegen«.

Da wir in der modernen nachhaltigen Forstwirtschaft nicht mehr mit sogenannten Kahlschlägen arbeiten, erzählen einzelne geschlagene Bäume auch die Geschichte ihrer umstehenden Kameraden. Diese Information ist unglaublich wertvoll für mich, denn sie verrät viel über die Standortsbedingungen. Wenn ich beispielsweise eine – erwartbare – jährliche Schwankung habe, in der auf dünne Jahre auch wieder dicke folgen, dann wird sich im Mittel die Produktionsleistung mit meinen aus der Vergangenheit abgeleiteten Wachstumserwartungen decken. Beobachte ich aber zunehmend einen Abfall der Produktionsleistung, muss ich mir Gedanken darüber machen, ob ich nicht vielleicht auch für die anderen Bäume des Bestands meine Erwartungen und damit meine Wirtschaftsplanung nach unten korrigiere.

Mit Holzmengen zu planen, die es wahrscheinlich nicht mehr geben wird, ist wie Umsatz für Produkte zu planen, für deren Produktion gar nicht mehr genug Menschen oder Rohstoffe zur Herstellung bereitstehen. Die aufmerksame Betrachtung der Jahresringe ist also etwa vergleichbar mit einer Umfrage, die ich beispielsweise bei Kund:innen oder auch bei ausscheidenden Mitarbeiter:innen durchführe. Ich sammele Daten über die Vergangenheit, über eine Vergangenheit, die mit anderen gemeinsam erlebt wurde, und weiß damit auch, was in denjenigen vorgeht, die noch in meiner Organisation geblieben sind. Bezogen auf meine Bäume, weiß ich zum Beispiel, ob die Standorts- und Umweltbedingungen allgemein meinen Bestand dauerhaft unter Stress setzen oder ob es einen erwartbar schwankenden Wechsel von Stress und »Normalität« gibt.

Das Feedback nach einem großen Firmenevent oder nach einer Konferenz dient – nicht nur – dem Sammeln von positiver Bestätigung, dass das Organisationsteam die Veranstaltung bestens vorbereitet hat und sich alle wohlgefühlt haben. Dieser Ruhm und das hieraus abgeleitete positive Gefühl ist eh bald verflogen, der wichtige Rohstoff, aus dem ich neue, noch bessere Events und Kongresse machen kann, sind die negativen Punkte, die mir schildern, was nicht funktioniert hat oder wo vielleicht etwas hinter den Erwartungen der Teilnehmenden zurückgeblieben ist.

Diesen Blick zurück wagen wir in Unternehmen viel zu selten. Gerade bei ausscheidenden Mitarbeitenden ist die Verabschiedung, wenn sie denn überhaupt oder gar in einem würdigen Rahmen stattfindet, eher ein Pflichttermin. Hierbei kommt es eher darauf an, ob die Schlüssel, das dienstliche Mobiltelefon und die Chipkarte ordnungsgemäß abgegeben worden sind, als dass es um wenigstens ein bisschen ehrliches Feedback geht. Mir als Führungskraft könnte das aber vielleicht etwas verraten, was mir diejenigen, die – noch – nicht gegangen sind, aus vielerlei Gründen jetzt nicht unbedingt sagen würden. Es kann mir ganz andere Perspektiven eröffnen. Wenn ich hier genau zuhöre, habe ich eine große Chance, Missstände meiner Organisation zu erkennen und folglich ändern zu können. Der Blick zurück hilft mir also, die Zukunft besser zu gestalten.

Auch wir Forstleute feiern Abschied von besonders erfolgreichen Teilen unseres Betriebs, nämlich dann, wenn besonders wertvolle Stämme, meistens Eiche, Buche oder Ahorn, zu den sogenannten Submissionsplätzen transportiert werden, um dort an die meistbietenden Holzeinkäufer:innen versteigert zu werden, die die besonders alten und gut gewachsenen Stämme zu hochwertigen Produkten weiterverarbeiten. Diese Versteigerungstermine sind oft ein Highlight im forstlichen Kalender, weil damit auch auf unsere ganz eigene Art die Arbeit und die Mühen der Generationen gefeiert werden, die ihren wesentlichen Beitrag zu diesem Erfolgsprodukt geleistet haben.

Beantworten Sie sich folgende Fragen:

- ▷ Wann haben Sie das letzte Mal ein längeres Gespräch mit ausscheidenden Mitarbeitenden geführt und sie dabei nach der Motivation für den Wechsel gefragt?
- ▷ Welche Rituale haben Sie in Ihrem Unternehmen, um ausscheidende Mitarbeitende aus Ihrem Unternehmen zu verabschieden? Wenn Sie keine solchen haben, warum nicht?
- ▷ Wie oft haben Sie Kund:innen, die nicht mehr bei Ihnen, sondern bei Ihrer Konkurrenz kaufen, nach dem Grund ihrer Entscheidung gefragt?

XII

Warum sind wir geworden, wer wir jetzt sind?

Als ich vor mehr als dreißig Jahren begonnen habe, im Wald nicht nur spazieren zu gehen, sondern mich mit seinen Zusammenhängen zu beschäftigen, war die »Försterdichte« – damals kannte ich keine Kollegin – deutlich höher als heute. Reviergrößen um die tausend Hektar oder sogar darunter waren nicht selten, oft auch mit einem Forsthaus und damit dem Dienst- und Familiensitz direkt am »Arbeitsplatz«. Es verging kaum ein Tag, an dem regelmäßige Spaziergänger:innen nicht »ihrem« Förster begegneten. Damals noch unschwer an der sogenannten Waldbluse, also der graugrünen Uniformjacke mit Landeswappen und Rangabzeichen als Amtsperson, wie es der Oberwachtmeister Dimpfelmoser in Otfried Preußlers *Räuber Hotzenplotz* so unnachahmlich bezeichnet, erkennbar. Manch freundliches Wort wurde gewechselt, zuweilen gemahnt, wenn der mitgeführte Hund allzu weit in den Beständen stöbern ging. Jedenfalls aber wurde kommuniziert.

Dann begann die Stunde der Verwaltungsneuordnung. Ganze Forstämter wurden zusammengelegt, Revierleiterstellen von pensionierten Kollegen nicht mehr nachbesetzt und Forsthäuser verkauft. Damit wurden die Reviere regelrecht allein gelassen. Die Arbeit wurde zwar dennoch erledigt, war aber auf deutlich weniger Schultern verteilt. Auf der Strecke blieben die positive Ansprache und die Kommunikation. Wir Forstleute wurden von

»unserem« Wald regelrecht entfremdet. Gehetzt zwischen Terminen in unterschiedlichen Ecken unserer Zuständigkeitsbezirke, brausten wir nur noch über die Forstwege, keine Zeit mehr, einen kleinen Plausch mit einer Besuchergruppe im Wald zu halten. Was man sah, nämlich teilweise ausgefahrene Rückegassen in den Beständen oder auch den einen oder anderen Holzpolter, der im Wald zu verrotten schien, weil er nicht abtransportiert wurde, blieb unkommentiert. Dadurch entstand ein Erklärungsvakuum, der ideale Raum für Geschichten anderer. Aus den Waldkümmerern wurden in der öffentlichen Meinung dann allzu schnell die Waldzerstörer. Unterstützt von dem einen oder anderen »Insider«, der die Gelegenheit erkannte, dieses Vakuum mit eigenen – manchmal leider sehr einseitig und nicht frei vom eigenen Bias – Erklärungen zu füllen, waren wir mit einem Mal Fremde in unseren eigenen Wäldern. Auch unsere dienstlichen Jagden, die ein wichtiger Teil unserer Arbeit sind, legten wir in möglichst besuchsarme Zeiten, um bloß nicht in die Verlegenheit zu kommen, unser Tun zu erklären, was oft in ein Rechtfertigen zu münden drohte. Offenbar hatten wir uns zu lange um uns selbst gedreht und dabei den Anschluss an die »Welt da draußen« verloren.

Viele Jahre später war ich dann, ohne es zuerst recht zu merken, in einer sehr ähnlichen Situation. Der Konzern, in dem ich erste Verantwortung für Produkte und Mitarbeitende übernehmen durfte, war es gewohnt, dass die Jahresproduktion lediglich unter den Großkunden verteilt, nicht aber etwa wirklich verkauft werden musste. So ähnlich wie bei uns im Wald wuchsen die Bäume regelrecht in den Himmel, nach oben war keine Grenze zu sehen, und es schien immer so weiterzugehen. Auch dieses Unternehmen war sehr mit sich selbst beschäftigt. Wichtig war, welche neuen internen Abgrenzungen wir vornehmen mussten, um unsere kleinen Königreiche zu schaffen, Vertriebsregion gegen Konzernzentrale. Kunden waren da, aber die waren eher Bittstellende als diejenigen, die am Ende unsere Gehälter bezahlten.

Eines Tages wachten wir dann in einer Welt auf, in der man uns plötzlich schlimmer Dinge bezichtigte, die einige von uns gemacht haben sollten – und wohl tatsächlich auch hatten –, viel schlimmer aber war, dass wir die Welt um uns herum nahezu ausgeblendet hatten und uns erst wieder mühsam in die Realität zurückarbeiten mussten. Technische Entwicklungen, gar nicht so disruptiv, wie wir es später zu unserer eigenen Rechtfertigung und Beruhigung behauptet haben, hatten uns unser schönes Geschäft regelrecht kaputtgemacht. Was gestern noch ein absolutes Must-have war, war heute nur noch Ramschware oder höchstens »retro«. Einige von uns waren damals – kein Scherz! – davon überzeugt, dass sich dieses Internet nicht durchsetzen und, wenn überhaupt, nur etwas für Technikfreaks bleiben würde. Unsere eigene Arroganz und Engstirnigkeit hatten uns nicht nur eingeholt, sondern uns mit dem Holzhammer aus unseren Träumen geweckt. Was folgte, war ein veritabler Ausverkauf, in dessen Folge wir auch noch Pech hatten und für das Geschäft nicht nur kein Geld bekamen, sondern noch ordentlich draufzahlten, den Rufschaden für die Konzernmarke mal ganz außen vor.

Beantworten Sie sich folgende Fragen:

- ▷ Wie viel Zeit am Tag widmen Sie dem »Innen« und wie viel dem »Außen«?
- ▷ Wann haben Sie das letzte Mal jemandem, dem Sie nichts verkaufen wollten, erklärt, was Ihr Unternehmen tut und wofür es steht?
- ▷ Wer erklärt anderen Ihr Unternehmen? Sind Sie hier eher aktiv oder nur reaktiv?

XIII

Lassen wir los oder vertrauen wir?

Es geht die Legende, dass sich Forstleute von Landwirten im ständigen Widerstreit, wer denn nun der Bessere und Fleißigere sei, immer wieder anhören mussten, dass ihr Wald ja schließlich von alleine wachse, während sich die fleißigen Landwirte tagein, tagaus auf ihren Feldern placken mussten, um eine gute Ernte einzufahren. Fielen beide Tätigkeiten, nämlich Landwirtschaft und Bewirtschaftung eines Bauernwaldes, wie auch heute noch vor allem in Süddeutschland und Österreich üblich, zusammen, war dieser Zwiespalt schon nicht mehr so arg, denn natürlich wussten und wissen auch die – mittlerweile – Landwirt:innen, dass Wald zwar ohne uns wächst, ein Wirtschaftswald aber mit unserer liebevollen Pflege besser gedeiht und die an ihn gestellten gesamtgesellschaftlichen Anforderungen erfüllt. Sofern wir uns, was hier nicht Thema sein soll, einen Wald leisten, den wir inmitten unserer ihn umgebenden Kulturlandschaft sich selbst überlassen, sind wir ganz im Vertrauen darauf, dass sich über viele Generationen hinweg etwas entwickeln wird, das dann – in sehr ferner Zukunft – zum Wohle aller besteht und gedeiht. Aber ist das wirklich Vertrauen oder nicht vielmehr Loslassen, und was ist überhaupt der Unterschied?

Als junger Manager war ich oft hin- und hergerissen, welchen persönlichen Führungsstil ich für mich entwickeln oder welchen ich nach außen »leben« sollte. Wollte ich a) der Macher sein, der jederzeit über alles Bescheid wusste und sein Team »eng« führte, möglichst alle Fäden in der Hand hielt und nur wenig Raum für eigene Entfaltung ließ, oder wollte ich b) der »Sanfte« sein, der sein Team erst einmal machen ließ, um dann mit kleinen Impulsen alle wieder »auf den rechten Weg« zurückzuholen?

Jede:r, die oder der schon einmal vor einer ähnlichen Herausforderung stand, weiß, dass Lösung a) die mit Abstand schlechteste ist. Alle Fäden in der Hand zu halten ist letztlich nichts anderes als die Illusion desselben und wird getrieben vom eigenen schlechten Gewissen, doch irgendwo irgendetwas verpasst zu haben und vor lauter CC-Mails im absoluten Chaos der Alltagsbanalitäten zu ertrinken. Das steigert übrigens auch exponentiell die Chancen, die wirklich wichtigen Informationen zu übersehen und dieses eine Mal, wenn der oder die eigene Vorgesetzte etwas zu einem sich aufbauenden Problem wissen will, mit absoluter Ahnungslosigkeit zu glänzen und sich vielleicht sogar anhören zu müssen, »seinen Laden nicht im Griff« zu haben!

Lösung b) ist allerdings auch nicht ungefährlich, vor allem dann nicht, wenn mir die subtilen Führungsstrukturen meiner Abteilung noch nicht vertraut sind. Ich laufe dann nämlich Gefahr, einfach abgehängt und aus wichtiger Kommunikation vielleicht sogar aktiv ausgeschlossen zu werden. Es gibt nämlich tatsächlich einen Unterschied zwischen »Vertrauen, dass schon alles gut werden wird«, und echtem »Vertrauen«. Ersteres ist nichts anderes als der Glaube an eine höhere Macht, die meine Angelegenheiten letztlich regeln wird. Letzteres ist die Übertragung von Verantwortung an diejenigen, die mit mir gemeinsam arbeiten. Verantwortung sei unteilbar, heißt es oft. Das stimmt allerdings nur teilweise. Was nicht teilbar ist, ist das Einstehen für Fehlschläge einer Organisation, die ich führe. Das ist meine ureigenste Aufgabe als Führungspersönlichkeit. Entscheidungen zu treffen und für diese kleinen Weichenstellungen Verantwortung zu übernehmen, indem ich überhaupt entscheide, weil ich dazu befähigt worden bin, weil mir nämlich Vertrauen entgegengebracht wird, ist sehr wohl teilbar und das Lebenselixier einer jeden agilen, motivierten und leistungsbereiten Organisation.

Als Förster:innen müssen wir Verantwortung abgeben, im Grunde haben wir sie gar nicht wirklich, weil unsere Bäume in ihrem komplexen Ökosystem nicht deswegen wachsen, weil wir es von ihnen wollen, sondern weil es nun einmal der Lauf der Dinge ist. Wir geben dennoch Verantwortung für die Betreuung und die Sorge um den uns anvertrauten Wirtschaftswald von Generation zu Generation weiter. Hierbei vertrauen wir tatsächlich darauf – oder hoffen es zumindest –, dass die uns Nachfolgenden unser Werk fortführen und nicht etwa durch Unachtsamkeit oder gar bewusst zerstören. Da aber ein Wald eben ein Wald ist, ist es etwas schwerer, einfach von null anzufangen, nur weil ich beispielsweise die Entscheidung meiner Vorgänger:innen, vielleicht doch noch »Ein letztes Mal« auf die Fichte zu setzen, nicht zu hundert Prozent teile. Unter Forstleuten gibt es den geflügelten Satz »einmal Fichte geht noch«! Ein Neustart auf Kosten aller Beteiligten hat oft einen hohen Preis: völligen Stillstand. Deshalb sollte ich mir gut überlegen, worin meine Motivation für diesen Willen zum Neustart besteht. Ist es der Wille, dass ich selbst es anders machen möchte und deswegen einen eigenen starken Impuls im System, gleichsam einen Schockimpuls, setzen möchte? Geht es also eher um mich als um die Dinge, die ich vorgebe, verändern zu wollen? Wenn ich partout keine Lust mehr auf Fichten habe, kann ich den gewachsenen Bestand, sagen wir einmal so um die dreißig Jahre alt und knapp unter der Hälfte seiner Umtriebszeit (Erntereife), auf einen Schlag – diese Anlehnung der Alltagssprache an unsere forstliche Fachsprache ist kein Zufall – ändern. Vielleicht habe ich sogar Glück und erziele einen guten Preis für das geerntete Holz.

Was aber bleibt zurück? Sehr wahrscheinlich eine Kahlfläche, auf der die Organismen, die es sich in dem von mir »umgestalteten« Bestand eingerichtet und dort ihren Lebensraum gefunden hatten, keine oder zumindest eine schlechtere Zukunft haben werden. Jedenfalls aber habe ich das Vertrauen derjenigen, die diesen Bestand sicher nicht aus reiner Boshaftigkeit angelegt, gepflanzt und gepflegt haben, enttäuscht. Vielleicht sind sie aber schon pensioniert oder nicht mehr am Leben, ihr Urteil kann mir also im Grunde egal sein. Aber geht es darum? Oder will ich nur meinen Kopf durchsetzen und denke damit in anderen Zeiträumen als mein Unternehmen? Für mich persönlich ist der Umbau eines solchen Fichtenbestands viel spannender, auch wenn ich jedes Jahr aufs Neue fürchten muss, dass »der Käfer« meine Pläne durchkreuzt und mir damit nur eine radikale Lösung bleibt. Indem ich das Vertrauen anderer annehme, nutze ich auch den Schwung der Aufbauphase und kann dort anknüpfen, wo meine Kreativität gerade am dringendsten gebraucht wird. Ich kann mich also auf das Wesentliche konzentrieren und habe dennoch das für viele von uns so wichtige Gefühl von Kontrolle, also eben nicht »alles laufen zu lassen« oder gar dem Zufall zu überlassen. Letzteres mag aufgrund der komplexen biologischen Vorgänge, denen mein Betrieb unterworfen ist, ebenfalls eine Illusion sein, mir als Forstmann gibt es aber dennoch ein gutes Gefühl, so viel Ego sei an dieser Stelle ausnahmsweise gestattet.

Beantworten Sie sich folgende Fragen:

- ▷ Welcher Managementtyp sind Sie: a) eng führen, b) laufen lassen oder c) Vertrauen schenken? Warum?
- ▷ Wann wurde Ihnen bei Ihren Aufgaben das letzte Mal Vertrauen entgegengebracht? Welches Gefühl hat das in Ihnen ausgelöst?

XIV

Würden Sie für Ihr Unternehmen das Leben Ihrer Mitarbeitenden riskieren?

»Ein Baum fällt dorthin, wo er hinfallen möchte« lautet eine alte Holzfällerweisheit. Sosehr sich auch die Arbeitstechniken in den letzten Jahrzehnten verbessert haben und das Fällen von Bäumen schon lange kein bloßes »Umschneiden« mehr ist, sondern eher ein mit vielen kunstvollen Schnitten orchestrierter Vorgang des planmäßigen Verlusts der Standfestigkeit, so gefährlich ist diese Arbeit nach wie vor. Der Waldboden ist alles andere als eben, ein Stolpern, Umknicken oder Ausrutschen gerade in der Hochphase der Holzernte im Herbst und Winter ist an der Tagesordnung. Oft ist auch der Fluchtweg, die sogenannte Rückweiche, eher eine mehr halbherzig geschaffene Möglichkeit, sich dem Schlimmsten, nämlich dem stürzenden Baum oder den herabfallenden Teilen der Krone, zu entziehen. So ist es eine seit Jahren immer wieder aufs Neue erschreckende Zahl, dass in Deutschland jährlich etwa zwanzig Menschen bei dieser gefährlichen Arbeit sterben. Gefährlicher ist es damit nur noch auf dem Bau und im gewerblichen Warentransport, also auf unseren Straßen.

Die Ruhe und Abgeschiedenheit, die so viele erfolgreich im Wald suchen und sich darüber freuen, dass das Handy keinen Empfang hat, wird schnell zum Albtraum, wenn für die Alarmierung der Rettungskräfte wertvolle Zeit verstreicht, bis sich mindestens einer der ersehnten Empfangsbalken zeigt. In wenigen mir bekannten Bereichen bekommt damit die Verantwortung für seine Mitarbeitenden einen so hohen Stellenwert wie bei uns im Wald. Es geht darum, füreinander zu sorgen, aufeinander zu achten und auch durch ständige Schulungen sicherzustellen, dass stets die neuesten Sicherheitsstandards und -verfahren eingehalten und umgesetzt werden. Wer hierbei nachlässig wird, bringt sich und andere in Lebensgefahr.

In der Konzernwelt ist die Entkoppelung von Schreibtisch und Werkbank nach meiner Erfahrung oft viel größer als im Forstbetrieb. Auch wenn ich in meinem Betrieb keine eigenen Beschäftigten habe, so bin ich doch bei meinen Reviergängen oder bei der Aufsicht über die von mir in Auftrag gegebenen Arbeiten immer nah am Geschehen. Während meiner Zeit als Konzernmanager hingegen war es immer wieder ein echtes Highlight, wenn wir »Anzugleute« einmal eine Führung durch die Produktion in den Werkshallen bekamen. Bei mir hat das immer ein Gefühl von Demut und zugleich auch ein wenig Unbehagen erzeugt, denn das, was diejenigen, denen ich dort über die Schultern schauen durfte, geschaffen hatten, war in meinen Projekten leider allzu oft nur ein Vermögensgegenstand oder sogar eine Produktlinie, die »ausgephast«, also letztlich stillgelegt werden sollte.

Einen tödlichen Arbeitsunfall habe ich glücklicherweise nie erleben müssen, habe aber noch das aschfahle Gesicht eines Kollegen vor Augen, der erzählte, wie einer seiner Mitarbeitenden in das Getriebe einer Windturbine geraten war und er den Eltern des Jungen die schlimme Todesnachricht überbringen musste. Eine konsequente und zum Glück erfolgreiche »Zero Harm«-Kampagne war die Folge, die das Bewusstsein für Sicherheit und das Aufeinanderachten noch einmal prominent in den Mittelpunkt gestellt hat.

Zum Glück geht es in unserer Arbeit nicht täglich um Leben und Tod. Verantwortung füreinander, vor allem für die körperliche und seelische Gesundheit, ist dennoch die wertvollste Aufgabe einer Führungskraft. Auch wenn ein Büro von außen ein deutlich ungefährlicherer Arbeitsplatz als der Wald ist, kann auch dort die Gesundheit und manchmal auch das Leben von Mitarbeitenden in Gefahr sein. Aktuelle Studien zeigen eine erschreckende Entwicklung bei Arbeitsausfällen aufgrund seelischer Erkrankungen. Auch stressbedingte Herz-Kreislauf-Erkrankungen führen zwar nicht sofort zum Tod wie der falsch gefallene Baum, letztlich aber doch zu demselben Ergebnis, nämlich dem arbeitsbedingten Tod eines Menschen, für den ich als Führungskraft Verantwortung trage, auch hier übrigens über die Zeit meiner eigentlichen Tätigkeit in dieser Rolle hinaus. Selbst wenn ich schon längst an anderer Stelle gestalten und führen darf, bleiben einige meiner Mitarbeitenden noch über Jahrzehnte dort, wo ich einst für sie verantwortlich war. Nur ein paar Jahre des »Management by Terror« reichen aus, um einen Menschen dauerhaft – leider auch nachhaltig – krank zu machen, selbst wenn danach wieder eine freundliche und empathische Führungskraft das Ruder übernimmt und vielleicht sogar erkennt, wie sehr jemand unter der vorhergehenden Führung gelitten hat. Manchmal setzen Führungskräfte eben doch das Leben ihrer Mitarbeitenden aufs Spiel.

Beantworten Sie sich folgende Fragen:

- Wann haben Sie das letzte Mal einen Mitarbeitenden durch berufsbedingte Krankheit dauerhaft verloren?
- Wie oft werten Sie den Krankenstand Ihrer Abteilung aus? Welchen Mechanismus haben Sie, wenn dieser einen vorher bestimmten Wert übersteigt?

XV

Wer ist wirklich mit wem vernetzt, und warum ist uns das so wichtig?

Wenn jemand den Ehrentitel einer Grande Dame der Forstwissenschaften verdient hat, dann ist das sicherlich Suzanne Simard, Professorin für Forest Ecology an der renommierten University of British Columbia in Kanada. *Finding the Mother Tree (Die Weisheit der Wälder. Auf der Suche nach dem Mutterbaum)* ist das Buch, das sie weltweit bekannt gemacht hat. Hierin vertritt sie die These, dass Bäume miteinander gleichsam Familienverbünde eingehen und sich auf diese Weise umeinander kümmern.

Ich habe ihr Buch verschlungen! Die darin vertretenen forstwissenschaftlichen Thesen spalten die Branche in jene, die darin eine regelrechte Erleuchtung sehen, und jene, die – wie ich finde, zu Recht – anmerken, dass jahrzehntelange Messungen, wie ausgeklügelt auch immer sie aufgebaut sind, die Thesen der Familienverbünde zwischen den Bäumen nicht haben bestätigen können. Am Ende ist dies für mich ein sicherlich spannender, nicht aber weltbewegender Streit unter Fachleuten, der dereinst vielleicht durch geeignete Messverfahren entschieden wird.

Entscheidend ist bei Simards Buch jedoch vor allem eines: Sie schildert in sehr plastischer und literarischer Sprache ihre Erfahrungen als junge Frau in der harten und nicht gerade von einer herzlichen Willkommenskultur geprägten Forstwirtschaft in den tiefen Wäldern Nordwestkanadas. Eine Umgebung, die rau und nicht selten lebensgefährlich ist, gleich welchem Geschlecht sich jemand zugehörig fühlt. Außerdem beschreibt sie, wie schon ihre Großmutter nach dem frühen Tod ihres Mannes sich in dieser menschen- und sicherlich auch frauenfeindlichen Umgebung behauptet hat. Damit ist das Buch für mich vor allem eine ergreifende feministische Sozialgeschichte der Forstwirtschaft der vergangenen Jahrhunderte und zeigt eindrucksvoll, wie Leidenschaft für ein Thema und Beobachtungsgabe zu einer weltweiten Bewegung führen können, die vor allem eines wieder geschafft hat, nämlich den Wald nicht nur als ein lebendes Holzlager zu verstehen, sondern als das, was er auch für uns Förster:innen ist: ein wundervoller, manchmal geheimnisvoller Ort und ein jeden Tag aufs Neue spannender Lebensraum, ohne den auch wir nicht überleben würden.

Den letzten Schritt, den einige meiner Fachkolleg:innen dann gegangen sind, nämlich Bäume mit einer Persönlichkeit zu versehen und zu vermenschlichen, gehe ich nicht mit. Dem Baum mag es egal sein, denn auch ich, der ihn nicht vermenschlicht, betrachte und pflege ihn mit Respekt und kommuniziere auf meine Weise mit ihm, indem ich nämlich durchaus »zuhöre« und beobachte, wie sich ein Baum entwickelt, wie er auf seine Umgebung und auf meine Gestaltungsimpulse reagiert. Weiter möchte ich nicht gehen, verurteile aber niemanden, der dies tun möchte, solange auch ich meine Sicht der Dinge behalten darf. Letztlich ist uns allen gemeinsam, dass wir den Blick auf den Wald wieder ganzheitlicher richten möchten: Nicht nur in die Höhe – die Kronen, an denen wir ablesen können, wie es einem Baum geht – oder nach unten – in die Myzelstrukturen, die mit den Bäumen dauerhafte Verbindungen eingehen, um voneinander durch Nährstoffaustausch zu profitieren. Die Sehnsucht nach dem *Wood Wide Web* ist meiner persönlichen Meinung nach die Sehnsucht danach, diese Vernetzung unter den Menschen wieder zu spüren, und zwar nicht nur virtuell. Den Wald als vermeintliches Vorbild zu haben, in dem es »immer« schon so gewesen ist – oder sein soll –, ist dann nur noch ein Argument mehr dafür, dass man zurück zu mehr Kommunikation und damit auch Fürsorge füreinander kommt.

Haben Sie schon einmal eine Abteilung oder gar einen ganzen Konzern umstrukturiert? Selbst wenn Ihnen diese Aufgabe bisher noch nicht auf die Schultern gesetzt wurde, was meinen Sie, ist das Erste, was Menschen bei der Umsetzung dieser Aufgabe tun? Richtig: Kästchen malen, und zwar von der sogenannten Zielstruktur. In diese Kästchen werden die aktuellen Kästchen dann übersetzt, meistens werden die Inhalte und Aufgaben nur auf andere Kästchen verteilt, und damit ergibt sich dann wie von Geisterhand die neue Struktur aus der alten. Wie oft, denken Sie, funktioniert diese Art der Umgestaltung? Richtig: kein einziges Mal.

Die Zielstruktur wird natürlich brav zum verordneten Datum eingenommen, das alleine aber ändert die Organisation kein bisschen. Etwas, das durch das so viel zitierte *Wood Wide Web* beschrieben oder mystifiziert wurde, bleibt nämlich auch bei dieser Form der (Um-)Gestaltung unberücksichtigt oder wird sogar ignoriert: die unterirdischen, teilweise sogar offensichtlichen Kommunikations- und Kooperationswege. Vergessen wir eines nicht: Menschen arbeiten miteinander zusammen, nicht Abteilungen. Möchte ich die Art der Zusammenarbeit verändern, weil ich beispielsweise den – oftmals sogar richtigen – Eindruck habe, dass in der Arbeit miteinander Informationen verloren gehen, nicht richtig weitergegeben oder sogar vorenthalten werden, dann ist eine Veränderung der Struktur wirklich überfällig. Genauso machen es Förster:innen auch, wenn sie merken, dass der Nährstofftransport oder die Versorgung mit Licht in einem Bestand gestört ist oder jedenfalls verbessert werden muss.

Jetzt helfen mir bei der aufkommenden Ungeduld, durch ein »Machtwort« wieder alle auf den Pfad der Tugend zu bringen, wieder der Wald als mein Arbeitsplatz und die Organisation, in der ich täglich unterwegs bin. Ich kann einen Wald regelrecht umbauen, indem ich die Baumartenverteilung ändere, einzelne Baumarten vielleicht sogar gänzlich ausschließe wie mancherorts zum Beispiel die Spätblühende Traubenkirsche. Unabhängig davon, wie – langfristig gesehen – sinnvoll meine Umgestaltung ist, eines wird es auf jeden Fall brauchen, nämlich Zeit. Es braucht Zeit und einige Vegetationsperioden, vulgo Jahre, bis sich das System auf die Veränderungen, beispielsweise andere Lichtverhältnisse, veränderte Nährstoffkonkurrenz, Änderungen der Windrichtungen im Bestand, eventuell höheren Wildanteil, eingestellt hat, und noch ein bisschen länger, bis ich es auch wirklich sehe oder messen kann. Verstehen Sie mich nicht falsch, hier rede ich keineswegs einer Erst-mal-abwarten-Kultur das Wort, gleichwohl sehe ich Veränderungsprozesse als ein mittel- bis langfristiges Investment in eine bessere Zukunft.

Wenn ich den Zielzustand vor Augen habe, kann ich mit der Beobachtung beginnen. Ich beobachte dann die Reaktionen auf meine Eingriffe und Gestaltungen, die meinen Veränderungswillen möglichst klar formulieren oder sichtbar gemacht haben. Sichtbar ist mein Veränderungswillen zum Beispiel, weil ich neue Bäume am Waldsaum gepflanzt habe oder wiederum andere Teile meines Bestands entfernt habe, vielleicht auch eine Verbindung zu anderen Beständen geschaffen habe, indem ich etwa Lücken durch Pflanzung oder Förderung des natürlichen Nachwuchses (Naturverjüngung) geschlossen habe. Darüber hinaus sollte ich sogar eine (realistische) Wunschvorstellung davon haben, wie lange denn das Erreichen dieses Zustands dauern sollte. Nach meiner persönlichen Erfahrung stehen hier Wirklichkeit und Wunsch in einem Verhältnis von mindestens 3 : 1. Was also mindestens drei Jahre dauert, wird im ausgerufenen Veränderungsprogramm schon einmal ins erste Jahr gepresst. Dauerhafte Zielanpassung und – bei den Menschen, um die es geht – Resignation über empfundenes Scheitern sind die Folge.

Hierbei ist wichtig, dass ich nicht wie ein ungezogenes Kind im Zoo ständig an die Scheibe klopfe, um eine sofortige Reaktion zu sehen, sondern mir selbst die Zeit für die erforderlichen Veränderungen bei und in mir selbst nehme. Auch das wird oftmals unterschätzt. Ich bin schließlich nicht irgendeine göttliche Gestalt außerhalb des Systems Unternehmen, sondern als Mensch selbst ein Teil desselben. Meine Rolle als Mitglied des Ökosystems Wald als Förster:in ist zugegebenermaßen etwas geringer, aber auch ich hinterlasse meine menschlichen Spuren, und wenn es nur meine tatsächlichen Fußabdrücke sind, wenn ich querfeldein durch den Bestand streife.

Wir Förster:innen arbeiten mit sehr komplexer Software, sogenannten Geo-Informationssystemen (GIS). Die Programme können beispielsweise auch allerlei interaktive Karten erstellen, die mir Zusammenhänge von Dingen etwas verdeutlichen und damit sichtbarer machen. Am eindrucksvollsten finde ich Beziehungsdiagramme. Hiermit werden Verbindungen, Verknüpfungen und Interaktionen sichtbar, die weit über die reine Kästchenebene hinausgehen. Genauso wie ich meinen Bestand erst richtig verstehe, wenn ich Standortsbedingungen, Windrichtung und viele weitere Umweltfaktoren berücksichtige, die ich nicht sehen kann, wenn ich nur auf die Karte oder ein Foto des Bestands gucke. Die Erstellung solch eines Diagramms braucht natürlich – Sie ahnen es – Zeit. Diese Zeit ist allerdings gut investiert. Genauso wenig wie ich alleine aus der Betrachtung eines Fotos (alle) Standortsbedingungen eines Bestand ablesen kann, so kann niemand allein aus der Betrachtung eines Organigramms und eines Gruppenfotos von der letzten Sommerfeier den Zustand einer Organisation ablesen. Wenn Sie sich aber die Zeit nehmen und erfragen – am besten anonym –, wer mit wem redet und mit wem nicht, worüber, wie häufig und wie die Kommunikationswünsche aussehen, werden Sie einen (nahezu) Istzustand Ihrer Organisation erhalten, der sicher viel näher an der Wirklichkeit ist als Ihr statisches Organigramm. Dies sollten Sie eher als Wunschvorstellung einer Zielstruktur, niemals aber als wirklichen Idealzustand verstehen.

Um die Vernetzung zu fördern, neue Brücken zu bauen und Vernetzungen zu schaffen oder auch um überlastete Kommunikationswege wieder wie eine zugewachsene Jungkultur freizuschneiden, wird Ihnen dieses Beziehungsdiagramm ein wertvoller Schatz sein. Denken Sie daran: Ihre Aufgabe ist es, der Struktur neue Impulse zu geben, nicht das Regime über alle Abteilungen zu übernehmen. Anstatt die Trennung dieser Einheiten zu fördern und sie voneinander abzuteilen, ist es Ihre Aufgabe, Verbindungen zu schaffen. Ihre Aufgabe ist es, zu führen und über das Tagesgeschäft hinaus in die Zukunft zu schauen und zu planen. Damit ist es auch Ihre Aufgabe, zuzuhören, hinzuschauen, Gesehenes nachzuvollziehen und zu erklären.

Beantworten Sie sich folgende Fragen:

- Auf einer Skala von 1 bis 5 (1 = gar nicht, 5 = absolut), wie nah ist Ihre Organisation an Ihrem Organigramm?
- Wie oft haben Sie sich heute mit fachlichen Themen beschäftigt, deren Zuständigkeit bei anderen Mitarbeitenden Ihrer Organisation liegt? Mit anderen Worte: Wie oft haben Sie heute die Arbeit anderer erledigt – und damit Ihre eigentliche Aufgabe liegen gelassen?

XVI

Wer hat den richtigen Plan?

Wenn Forstleute von »Forsteinrichtung« sprechen, dann geht es nicht etwa darum, welche Möbel in den Wald gestellt werden sollen, sondern wir bezeichnen damit ein durchaus komplexes und arbeitsintensives Verfahren des Baselinings. Die erhobenen Daten über den Lagerbestand oder den Holzvorrat sind die Grundlage der betrieblichen Planung für immerhin zehn Jahre. Das mag lang erscheinen, ist aber, bezogen auf die Umtriebigkeit der meisten hier bewirtschafteten Baumarten, durchaus kurzfristig. Im forstlichen Zusammenhang verstehen wir Umtriebigkeit übrigens nicht als gleichbedeutend mit Sprunghaftigkeit oder Kurzfristigkeit wie im allgemeinen Sprachgebrauch.

In Anbetracht der Tatsache, dass die Erstellung einer Forsteinrichtung oder Waldinventur ein sehr zeitaufwendiges, arbeitsreiches und damit teures Unterfangen ist, ist die Halbwertszeit dieser Inventur sogar eher erschreckend kurz. Stellen Sie sich vor, dass Ihre Lagerinventur, die von Fall zu Fall sicherlich einige Tage dauern mag, nicht etwa Ihr ganzes Geschäftsjahr reichen würde, sondern mehrmals jährlich wiederholt werden müsste. Würden Sie es dann überhaupt noch tun, oder würden Sie einfach darauf vertrauen, dass es schon irgendwie hinhaut, und mit umfangreichen Hochrechnungen aus der Vergangenheit arbeiten? Bekanntlich ist »Hoffnung keine Strategie«, weshalb Variante 1 allen Grundsätzen kaufmännischer Sorgfalt widerspricht, Variante 2 hingegen hat in Zeiten steigender Leistungsfähigkeit und neuer

Methoden – Stichwort »künstliche Intelligenz« – durchaus etwas für sich.

Es gibt im militärischen Planungsprozess einen Spruch, der in etwa lautet: »Pläne sind sinnlos, Planung hingegen ist unersetzlich.« Er stammt vom späteren US Präsidenten Dwight D. Eisenhower. Unabhängig vom militärischen Kontext lohnt es, diese Feststellung einmal genauer unter die Lupe zu nehmen. Was erreichen wir mit der Planung? Vor allem erreichen wir, dass wir einen Schritt zurück machen und unseren Fokus für den kurzen Moment der Strategiesitzung oder sogar der Strategieplanung auf »unendlich« stellen und unsere Gedanken und Denkschleifen aus dem sogenannten Tagesgeschäft herauskommen. Das Tagesgeschäft ist manchmal wie ein dreijähriges Kind, das von seinen Erlebnissen in der Kita berichten muss, kaum dass es zur Tür herein ist, weil es sonst förmlich platzt. Nicht zuzuhören oder sich abzuwenden wäre nicht nur äußerst verletzend für das Kind, es würde vermutlich auch gar nichts nutzen, denn die geballte Ladung Information und das Haschen um Aufmerksamkeit stauen sich eh exponentiell an. Nur das gezielte und wohldosierte Abschöpfen dieser Energie stellt beide Seiten zufrieden. Auch das Tagesgeschäft verlangt zu Recht nach Aufmerksamkeit, denn niemandes Geschäft besteht nur aus visionärer Planung. Das wäre auf Dauer auch sehr langweilig, fehlt doch die Verprobung mit der Realität. Anders als in der Familie, in der Sie als Elternteil per definitionem Allrounder:in sind, hat Sie Ihr Unternehmen als Manager:in nicht für das Tagesgeschäft eingekauft. Ihr Unternehmen bezahlt Sie für Ihre Weitsicht, die sich aus Ihrer Ausbildung und vor allem Ihrer Erfahrung speist.

Schon in den ersten niedergeschriebenen Regelungen zur ordnungsgemäßen Buchführung und zur Geschäftsführung ist das Geschäftsjahr eine Maßeinheit, die zur Orientierung herangezogen wird. Ziel war es doch, den Handelsverkehr vor allzu leichtsinnigen und damit potenziell überschuldeten Kaufleuten zu schützen. Wer jährlich Rechnung legen und die Zahlen vielleicht sogar veröffentlichen muss, wird spätestens nach einem Jahr feststellen, wie seine Geschäfte laufen und ob Gläubiger:innen auf die Bezahlung ihrer Rechnungen vertrauen dürfen. Das unterschiedliche Branchen in unterschiedlichen zeitlichen Sphären denken, erkennt auch der Gesetzgeber an, indem neben dem »Normaljahr« auch Wirtschaftsjahre, in der Forstwirtschaft beispielsweise vom 1. Oktober bis 30. September, erlaubt sind. Die Siemens AG folgt übrigens mit ihrem Geschäftsjahr dem forstlichen Wirtschaftsjahr. Ein Blick auf den Titel des Gesetzes, in dem diese Wirtschaftsjahre erlaubt werden, verrät, welche Motivation der Betrachtung in Jahresscheiben zugrunde liegt: Der Titel dieses Gesetzes lautet »Einkommenssteuergesetz«.

Der Fiskus will jährlich wissen, wie viel ihm wohl zusteht. Dass damit auch eine Denkweise in Jahren statt in (öko)systemangepassten Zeiträumen einhergeht, ist eine wichtige Erkenntnis, die auch im Zuge der Transformation zu *Sustainable Finance* diskutiert werden sollte. Jede:r Unternehmer:in ertappt sich dabei, wie in Jahresberichten und vergleichbaren kurzfristigen Formaten das große Ganze bemüht wird, wenn ein Plan einmal nicht aufgegangen und die Zahlen hinter den Erwartungen zurückgeblieben sind. Ist das aber so verkehrt? Ich selbst war erschüttert, als ich das erste Mal von meinen »Finanzern« ins Vertrauen gezogen wurde, dass es unbedingt zu vermeiden sei, die Ziele zu sehr zu übertreffen, besser das eine oder andere ins nächste Jahr »schieben«, als es dort zu berichten, wo es tatsächlich hingehört hätte. Wie bitte?

Wer zu gut ist, der hat falsch geplant, lautet angeblich einer der Grundsätze dieser geradezu geheimbündlerischen Zunft. Ein ums andere Mal wird dabei deutlich, dass Berichte regelrecht zum Selbstzweck werden. Es werden Erwartungen erfüllt, die erst durch die Berichte der vorangehenden Berichtszeiträume geweckt worden sind. Auf die absolute Spitze haben es dabei die Quartalsberichte getrieben. Wer ernsthaft glaubt, dass solch komplexe Organismen wie Unternehmen, zumal weltweit agierende börsennotierte Unternehmen, sich innerhalb von nur drei Monaten messbar wirklich verändern oder gar transformieren, der will es vor allem glauben. Den Unternehmen selbst schadet es gerade deswegen, weil diese erzwungene Kurzfristigkeit die (wirklich) langfristige Planung bestenfalls behindert, schlimmstenfalls verhindert. Bei allen lobenswerten Aktivitäten und Engagements auf nationaler und europäischer Ebene zu einer nachhaltigeren Finanzbranche ist dieser – aus meiner Sicht – wichtigste Treiber einer echten Nachhaltigkeitsforderung des Finanzmarkts bisher nicht erhoben worden.

Die Forsteinrichtung schlägt hier einen Bogen, weil auch sie die Grundlage für eine jährliche Betriebsplanung liefert, allerdings letztlich als Destillate der längerfristigen Planung.

Es spricht nichts gegen To-do-Listen, die dabei helfen, auch Ressourcen zu priorisieren. Ebenso wenig wie eine solche Liste ein Selbstzweck ist, auch wenn manche schon das Erstellen einer To-do-Liste als ersten Punkt auf ihrer Liste haben, der sodann auch direkt abgehakt wird, ist eine rein visionäre, ins Unendliche gerichtete Planung der Schlüssel zum dauerhaften und damit nachhaltigen Erfolg. Oftmals hilft es schon, sich darüber bewusst zu werden, dass man selbst es ist, der den Planungszeitraum bestimmt. Gerade wenn ich in größeren Kategorien denken möchte, sind zehn Jahre keine langfristige Planung. Denken Sie in Generationen, denken Sie über Ihre eigene Zeit in Ihrer aktuellen Rolle oder im Unternehmen überhaupt hinaus. Sie werden erstaunt sein, zu welchen weitsichtigen Einsichten Sie dieser Fokuswechsel bringt. Planen Sie Ihr Unternehmen, als wäre es Ihr Wald.

Beantworten Sie sich folgende Fragen:

- ▷ Wann haben Sie das letzte Mal einen Plan nur um der Planung willen aufgestellt?
- ▷ Welchen Zeitraum halten Sie für den sinnvollsten Planungszeitraum für Ihr Unternehmen?
- ▷ Wie würden Sie Ihr Unternehmen planen, wenn es Ihr Wald wäre?

XVII

Gibt es einen nachhaltigen Trend?

Wir Forstleute geben gerne damit an, dass es ja schließlich unsere Branche war, die die Nachhaltigkeit »erfunden« habe. Das stimmt leider nur zur Hälfte. Die Forderung nach dauerhafter Versorgung mit Rohstoffen und einer dafür erforderlichen Produktionsmethode kam vom Abnehmer des Rohstoffs und war keine intrinsisch motivierte Veränderung. Holz war im Erzgebirge zu Hochzeiten des Silberbergbaus fast so wertvoll wie der gewonnene Rohstoff selbst, weil Holz vor allem als Baumaterial den Vortrieb der Stollen im wahrsten Sinne des Wortes »sicher stellte«. Fehlte es an Holz, musste der Vortrieb stoppen. Vergleiche zur Versorgung mit Computerchips zuzeiten der Coronapandemie drängen sich auf. Einen Trend zeichnet aus – so behauptet es ChatGPT –, dass er zeitlich begrenzt sei. Diese Kategorisierung der KI teile ich. Den Begriff des Trends kennen wir – außer in der Börsenarithmetik – vor allem aus der Modebranche (»trendy«). Gerade dort wissen wir um die Kurzlebigkeit, da das Ziel schließlich ist, die Kleiderschränke alljährlich komplett neu zu füllen und vorher entsprechende Kaufanreize zu schaffen. Damit ist es zwar in gewisser Weise ein sehr nachhaltiges Geschäftsmodell, weil es immer wieder aufs Neue selbst Bedarf und Bedürfnisse schafft, selbst aber alles andere als nachhaltig im gesamtgesellschaftlichen Sinn. Diese gleichsam eingebaute Sollbruchstelle im Geschäftsmodell bestätigt die These der KI, dass Trends immer ein Verfallsdatum haben müssen.

Ist also Nachhaltigkeit ein Trend oder etwas anderes? Nachhaltigkeit selbst hat kein Verfallsdatum, sondern will dem dauerhaften Verfall und damit der Zerstörung der Grundlagen gerade entgegensteuern. Auch wenn in der aktuellen Diskussion, die zur Jahreswende 2023/24 vor allem von den heraufziehenden Berichtspflichten für Unternehmen – Stichworte: Corporate Social Responsibility Directive (CSRD) oder Lieferkettensorgfaltspflichtengesetz (LkSG) – in vielen Newslettern von Beratungsunternehmen, die hier ein einträgliches Geschäft sehen, oder in der Wirtschaftspresse die Rede ist, so ist der Begriff weder neu, noch ist er besonders aktuell. Als Hans Carl von Carlowitz ihn 1713 prägte, war Napoleon noch nicht einmal geboren und der Alte Fritz noch ein Baby.

Weltweite Aufmerksamkeit erhielt der Begriff dann noch einmal 2015, als sich die Mitgliedsstaaten der Vereinten Nationen in der Agenda für nachhaltige Entwicklung auf die berühmten 17 Sustainable Development Goals (SDG) einigten. Zwischendurch wurde es immer wieder still, verschwunden oder gar aus der Mode war Nachhaltigkeit jedenfalls als Wirtschaftsmaxime in der deutschen Forstwirtschaft nie. Ganz im Gegenteil. Vor allem in der Forstwirtschaft trat er immer wieder prominent zutage, so beispielsweise am Anfang des 1975 erlassenen Bundeswaldgesetzes und immerhin in § 6 des Hamburgischen Landeswaldgesetzes. Im Forestry Act des Vereinigten Königreichs von 1967 ist lediglich von einer »reasonable balance«, also einem »ausgewogenen Gleichgewicht«, zwischen Erhaltung und Nutzung der Wälder die Rede.

Freilich hat sich der Begriff der Nachhaltigkeit über die Jahrhunderte deutlich weiterentwickelt. Von der Prägung durch den sächsischen Oberberghauptmann bis zu den 17 SDG von fast zweihundert Staatsoberhäuptern war der Weg mindestens genauso lang wie vom Erzgebirge nach New York.

Eine Wissenschaftsdisziplin, die ähnlich der Forstwissenschaft immer an der vermeintlichen Trennlinie zwischen Theorie und Praxis arbeitet und forscht, ist die Volkswirtschaftslehre, die zu den klassischen Staatswissenschaften zählt. Betrachtungs- und Forschungszeiträume unterscheiden sie von der kleinen, angeblich cooleren Schwester, der Betriebswirtschaftslehre. Im Englischen haben beide Fächer übrigens keinen gemeinsamen Wortstamm »wirtschaft«, sondern trennen sich in *Economics* und *Business Administration*.

Die langfristige Betrachtungsweisen und -zeiträume vereinen Volks- und Forstwirtschaft. Als einer der Klassiker der Volkswirtschaftslehre, der *Wohlstand der Nationen* von Adam Smith, 1776 erschien, war die carlowitzsche Lehre oder Forderung nach einer nachhaltigen Bewirtschaftung immerhin schon mehr als sechzig Jahre »auf dem Markt«. Sie reiht sich also in eine Epoche bahnbrechender und epochaler Lehren und Werke ein. Genauso wenig, wie man von Smith' Ideen behaupten würde, sie seien ein Trend der Volkswirtschaftslehre, gilt dies auch für die Nachhaltigkeit im ursprünglich carlowitzschen Sinne. Hierbei sei erwähnt, dass Smith schon fast zwanzig Jahre vor dem Erscheinen seinem Hauptwerks in seiner moralphilosophischen *Theorie der ethischen Gefühle* die Sympathie für Mitmenschen als die Triebfeder der menschlichen Arbeit bezeichnete: »[...] evidently some principles in his nature, which interest him in the fortune of others, and render their happiness necessary to him, though he derives nothing from it except the pleasure of feeling it [...].«

Ohne hier jenseits meiner wissenschaftlichen Komfortzone allzu viele Gemeinsamkeiten oder Verbindungen sehen zu wollen, so ist schon beachtlich, dass die Idee der (wirtschaftlichen) Nachhaltigkeit zumindest in ein Jahrhundert fällt, in dem unbestrittene Klassiker der Volkswirtschaftslehre die wissenschaftliche und politische Diskussion bereicherten. Denn auch hier gibt es eine Gemeinsamkeit beider Disziplinen, nämlich dass die Volkswirtschaft und das Prinzip der Nachhaltigkeit per se apolitisch sind, aber durchaus politisch rezipiert und manchmal auch ideologisch vereinnahmt werden.

Nachhaltigkeit als wirtschaftliches Zielfeld ist erst dann ein Trend und damit mit einem Verfallsdatum versehen, wenn das Ziel der Circular Economy, einem mit etwas über dreißig Jahren sehr jungen Zweig der Wirtschaftswissenschaften, endgültig erreicht und Nachhaltigkeit damit so tief im System verankert ist, dass sie nicht mehr ausdrücklich erwähnt werden muss.

Beantworten Sie sich folgende Fragen:

- ▷ Empfinden Sie Nachhaltigkeit als einen Trend?
- ▷ Was muss geschehen, damit Nachhaltigkeit untrennbarer Teil des Wirtschaftssystems ist?
- ▷ Was können Sie dafür tun?

XVIII

Nichtstun ist auch keine Lösung

Oder nehmen wir uns zu wichtig?

Die wichtigste unumstößliche Entscheidung, die ich in meinem Betrieb treffen kann, ist, ob ich einen Baum fälle oder nicht. Diese Veränderung ist sofort sichtbar, unumkehrbar und endgültig. Alle anderen Maßnahmen und Entscheidungen, selbst umfangreiche Investitionen, deren Belastung in die nächste Generation geht, verblassen über die Zeit oder werden von meinen Nachfolger:innen noch einmal individuell angepasst oder umgestaltet.

Sosehr ich bis in alle Ewigkeit sehe, was ich oder jemand vor mir getan hat, so sehe ich auch mindestens ebenso lange, was ich oder andere vor mir versäumt haben. Nehmen wir wieder einmal das Beispiel des sogenannten Verbissdrucks, also die Schäden, die vor allem äsendes (fressendes) Rehwild an jungen Bäumen verursacht, indem es die nährstoffreichen Knospen verbeißt (frisst). Über Jahrzehnte wurde dieses Problem im Spannungsfeld zwischen bezahlter Jagd und Waldbau ignoriert oder weggelächelt. Revierleiter:innen, die das Glück hatten, die Intensität der Jagd selbst bestimmen zu dürfen, wurden regelmäßig sogar dafür angefeindet, dass sie den Wald »leer schießen«. Interessanterweise schafften es ebendiese Pionier:innen der ökologischen Jagd, die erjagten Strecken, also die Zahl der geschossenen Tiere, jedes Jahr aufs Neue zu wiederholen. Von »Leerjagen« konnte also keine Rede sein. Alle anderen, die aus, welcher Motivation auch immer dem, Wild den Vorrang vor ihrem Wald und dessen natürlicher Regeneration gegeben haben, übergeben dieses Vermächtnis an alle nachfolgenden Generationen, denn die Löcher sind deutlich sichtbar und können nicht mehr geschlossen werden. Es fehlen Generationen von Bäumen, die nicht einfach nachgepflanzt werden können, um die Lücken wieder zu schließen. Einen sogenannten Dauerwald aufzubauen, der nahezu automatisiert Holz produziert und sich durch Naturverjüngung regeneriert, ist selbst eine Generationenaufgabe. In der forstlichen Praxis sind also sowohl aktive Gestaltungen (gefällte Bäume) als auch Nichtstun deutlich sichtbar und unumkehrbar.

Nehmen Sie nun Ihr Unternehmen. Die versäumte Produktentwicklung, die zu einem nicht einholbaren technologischen Vorsprung der Konkurrenz führt, können Sie mit viel Geld und oft nicht zu beziffernden Folgekosten und Anstrengungen durch Zukäufe oder Partnerschaften schließen oder es versuchen, denn in Ihrem Unternehmen wird diese Lücke auch über Generationen immer sichtbar bleiben, denn die Menschen, die ihr Knowhow mitbringen und idealerweise auch im neuen Unternehmen aktiv einbringen, brauchen sehr lange, um sich zu integrieren. Im besten Fall nutzen Sie die Gelegenheit, nicht etwa eine Kultur zu absorbieren, sondern aus zwei Kulturen eine neue entstehen zu lassen. Auf diese Weise ersetzen Sie die alten Ideen des Kolonialismus durch eine aktive systemische Gestaltung, die Ihrer Organisation die Chance gibt, sich insgesamt neu zu definieren und zu finden, statt mit der Vergangenheit zu hadern und immer wieder zurückzublicken. Ähnliches gilt für Generationen von Fachkräften, die Sie durch Pensionierung oder vielleicht sogar Abwanderung verlieren und nicht aus eigener Kraft oder mit ausreichendem Elan für sich gewinnen und damit regenerieren können.

Diese Lücken werden Sie in jedem Bereich Ihres Unternehmens über Jahre nicht nur spüren, sondern auf Fotos von Abteilungsfesten auch sehen, weil nämlich eine Generation schwächer vertreten sein wird als andere.

Egal auf welche Weise Sie versuchen, Lücken zu schließen, oder Sie welche reißen müssen, weil Sie sich von einem Zweig Ihres Unternehmens trennen müssen, immer gestalten Sie etwas, mit dessen Folgen das Unternehmen und die Menschen, die in ihm arbeiten, über lange Zeit, meistens sogar über Generationen, leben müssen. Auch wenn Ihr Name vielleicht nicht mehr mit einer einzelnen Maßnahme verbunden ist, sie ist letztlich doch auf Ihre Entscheidung und deren Umsetzung zurückzuführen. Seien Sie sich dessen bewusst, und passen Sie die Betrachtungszeiträume mindestens in Ihrem Kopf an. Es geht nicht um den Abschluss eines Restrukturierungs- oder Integrationsprojekts in einer – künstlich erdachten – Zeitspanne, meistens ein oder höchstens zwei Jahre, sondern um die langfristigen und dauerhaften Konsequenzen für Ihr Unternehmen und deren Menschen.

Sosehr allerdings Ihr Tun oder auch Nichtstun Auswirkungen auf Ihre Organisation hat, verabschieden Sie sich von der Idee, der Organisation »Ihren« Stempel aufzudrücken. Die Impulse, die Sie geben, hinterlassen ihre Spuren im System, aber eher im Sinne der Wellen, die ein ins Wasser geworfener Stein dort auslöst. Das Medium, in dem sich die Welle fortbewegt, wirkt sich auf Form und Geschwindigkeit aus. Gegenstände, die eine Welle brechen, geben ihnen darüber hinaus wieder eine andere Form und Richtung. Mit Ausnahme vielleicht der Parkbank mit einem Schild, das Sie als Spender:in ausweist, wird nichts im Unternehmen 1 : 1 »Ihre« Handschrift tragen, und das ist gut so, denn Sie arbeiten mit Menschen zusammen, die Ihre Impulse in ihre Arbeit aufnehmen und – hoffentlich – nicht einfach nur blindlings Befehle ausführen und damit lediglich zu Ihren Handlangern werden. Sollte das Ihr Ziel sein, bitte ich Sie, das Buch noch einmal von vorne zu lesen …

Als Förster hilft mir die Langfristigkeit unserer Planungs- und Wirtschaftshorizonte, mich selbst nicht mehr so wichtig zu nehmen. So wenig, wie ich die Namen der Forstleute kenne, die meine Bestände vor mir gepflegt und vor mehr als einem Jahrhundert sogar angelegt haben, werden Generationen nach mir darauf achten, wer in den herausforderndsten Jahrzehnten der Klimaveränderungen mit und in den Beständen gearbeitet hat. Viel wichtiger ist doch, wie meine Arbeit später einmal wertgeschätzt oder zumindest wahrgenommen wird.

Beantworten Sie sich folgende Fragen:

- ▷ Wie hieß die Person, die Ihre Abteilung so gestaltet hat, wie sie gerade ist?
- ▷ Was ist Ihr Vermächtnis an Ihre Organisation?
- ▷ Mit welcher Veränderung in Ihrem Unternehmen möchten Sie auf keinen Fall in Verbindung gebracht werden?

XIX

Mehr als nur Produkte?

Was machen Sie eigentlich? Vor vielleicht zwanzig Jahren war die Antwort hierauf glasklar, und schon die Frage hätte bei Forstleuten für Verwunderung gesorgt, denn natürlich »machte« man Holz. Das war der Zweck des Betriebs und andere Dinge höchstens Nebenfolgen oder -produkte. »The business of business is business«, sagte einst Milton Friedman. Die Übersetzung aus dem Englischen fällt aufgrund des beabsichtigten Wortspiels und Doppelsinns deutlich schwerer. Am nächsten, wenn auch sprachlich nicht annähernd so elegant, wäre dann wohl »die Aufgabe eines Unternehmens ist es, etwas zu unternehmen« oder »die Aufgabe eines Geschäfts ist es, Geschäfte zu machen«

Was aber ist dann die Aufgabe eines forstlichen Betriebs, was ist die Aufgabe der Leitung eines Forstbetriebs? Und lässt sich diese Frage auch auf andere Unternehmungen übertragen? Die eben zitierte Friedman-Doktrin basiert auf der Annahme, dass die Geschäftsleitung eines Unternehmens immer das Geld anderer Leute ausgebe oder folglich mit etwas wirtschafte, das ihnen nicht persönlich gehöre. Diese sollten letztlich selbst entscheiden, ob sie sich sozial, also außerhalb des Geschäftszwecks des Unternehmens, betätigen wollen und nicht die Geschäftsleitung an ihrer Stelle mit Geld des Unternehmens. Wenn ein Unternehmen aber das Geld der Allgemeinheit ausgibt, so wie es in den meisten Forstbetrieben der Fall ist, die Wälder in öffentlichem Eigentum verwalten, ist die Lage schon etwas komplexer. In

Familienunternehmen wiederum, wo Privates und Geschäftliches vielleicht eher für die Steuer getrennt, aber das Unternehmertum rund um die Uhr gelebt wird, scheint es dieses Spannungsverhältnis von »Geldverdienen« und »Gutes tun« gar nicht so sehr zu geben.

Gerade weil ein Wald auch nach modernem forstwirtschaftlichen Verständnis weitaus mehr als ein Holz produzierender Betrieb ist, sind auch die Erholungsfunktion und andere sogenannte Ökosystemleistungen das »Business des Forsts«. Diejenigen, die Anteil am Wald haben oder deren Stakeholder sind, haben ein weit über die Produktion von Holz hinausgehendes Interesse. Dies gilt übrigens auch und vor allem für die nicht menschlichen Stakeholder, die den weitaus größten Anteil am Ökosystem Wald haben.

All die Leistungen eines Ökosystems tatsächlich bewerten zu wollen ist für sich schon eine Herausforderung, weil das Projekt vom Axiom der Quantifizierbarkeit ausgeht. Selbstverständlich kann ich zum Beispiel die Biomasse eines Waldes mittlerweile sehr genau messen. Die darin gespeicherte Menge CO_2 kann ich ebenfalls errechnen und vielleicht auch ins Verhältnis zu aktuellen Preisen für Emissionszertifikate setzen. Bei den Erholungsfunktionen, der Bodenerhaltung und Wasseraufbereitung wird es schon deutlich schwieriger. Nur messbare Dinge haben einen monetären Wert, weswegen Freundschaft oder Liebe auch unverkäuflich sind. Den wahren Wert eines Waldes erkennen wir vermutlich erst dann, wenn er verschwunden ist. Um es so weit nicht kommen zu lassen, ist die Quantifizierbarkeit weniger entscheidend als die generelle Wertschätzung. Die wiederum entsteht durch Bildung und Aufklärung über die Leistungen, die Wälder weltweit erbringen.

Was genau ist dann mein Produkt? Gesunder Wald, Biodiversität, Wohlbefinden, sauberes Wasser? Eine vergleichbare Transformation haben Sie vielleicht in Ihrem Unternehmen auch schon vollzogen, weswegen wir Förster:innen hier mehr von Ihnen lernen können als andersherum, also von all den Unternehmen, die von Produkten und Produktion auf Dienstleistungen oder Services umgestiegen sind, von handfesten Dingen auf Software und Abonnements statt Einmalkäufen. Wie wäre es also mit einem (freiwilligen) Waldabo? Wie viel wäre Ihnen das wert? Oder würden Sie vielleicht sogar für Ihren nächsten Waldbesuch Eintritt bezahlen, wie es beispielsweise in anderen Ländern, zum Beispiel in Kenia oder in Nationalparks der USA, durchaus üblich ist? Mit einem meiner Unternehmen knüpfe ich gerade besonders langfristige und damit nachhaltige Waldpartnerschaften zwischen Unternehmen und heimischen Wäldern, denn ein Wald braucht mehr als nur einmal im Jahr eine Pflanzaktion.

Daher plädiere ich dafür, die Leistungen des Waldes und das, was wir Forstleute dafür tun, noch sichtbarer zu machen, indem wir darüber reden und den Menschen ihre Wälder wieder näherbringen. Ideologie oder gar missionarischer Eifer sollten hier möglichst keine Bühne finden, weil wir uns letztlich doch deswegen über all diese Themen streiten, weil wir gemeinsam den Wald so sehr schätzen und lieben.

Beantworten Sie sich folgende Fragen:

- Was ist Ihr Produkt?
- Ist Ihr Produkt noch zeitgemäß, oder stehen Sie vor einem großen Veränderungsprozess?
- Wie viel würden Sie für einen Spaziergang in Ihrem Lieblingswald bezahlen?

XX

Die etwas andere Revierrunde

Viele meiner Berufskolleg:innen trauern den Zeiten nach, die meist noch in ihrer Ausbildung liegen, als sie den Arbeitstag mit einem Gang durch das eigene Revier starteten. In Zeiten immer größerer Zuständigkeitsbereiche und immer mehr im Auto verbrachter Arbeitszeit sind diese Momente der Heimatfilmromantik leider seit Langem vorbei. Im Rahmen der Digitalisierungsoffensive versuchen wir gerade, unseren Kolleg:innen Zeit im Revier zurückzugeben. Das erfordert viel Fingerspitzengefühl, weil leider oft das Vertrauen in die Führung fehlt, dass die durch effizientere Methoden erzielten Zeitgewinne nicht doch sofort zu höherer Arbeitsbelastung und einer noch schnelleren Taktung führen.

Förster:innen brauchen wir häufiger im Wald und weniger am Schreibtisch. Bewegung ist nicht nur anerkanntermaßen gesund, sondern hilft auch, die Gedanken zu ordnen und neue Perspektiven zu eröffnen. Mit Menschen, die sich von mir coachen lassen, gehe ich am liebsten im Wald spazieren. Alleine die ständig wechselnden Eindrücke, die sich im Wald bieten, durchbrechen Denkblockaden wie durch Zauberhand. Beim Reviergang eröffnen sich daher nicht nur neue Perspektiven für Probleme, an denen das Unterbewusstsein gerade arbeitet, sondern auch vermeintlich Altbekanntes erscheint immer wieder in neuem Licht.

Ich bin beispielsweise immer wieder an einem besonders dunklen Fichtenbestand in einem der von mir deutschlandweit betreuten Reviere vorbeigegangen, der mich geradezu gruselte. Alles wirkte dunkel, tot und feindlich. Wenn ich im Dunkeln vom Ansitz kam, mied ich diese Stelle sogar, weil sie mir Unwohlsein bereitete. Trotzdem bin ich wieder und wieder dort vorbeigegangen, bis mir eines Tages die Birken aufgefallen sind, die immer schon dort gewesen sind, die aber meine auf die Fichten fokussierte Wahrnehmung, so ähnlich wie bei dem Gorillaexperiment auf dem Basketballfeld, ausgeblendet hatte. Ebendiese Birken, die schon begonnen hatten, den Boden nach der kargen Zeit der Fichtenreinkultur wieder anzureichern und damit Raum für Neues zu schaffen, haben mich auf die Idee gebracht, genau dort weiterzumachen. Also habe ich den Birken einfach ein bisschen mehr Raum gegeben, indem ich die Bereiche, in denen sie sowieso schon gesiedelt hatten, vergrößert habe. So entsteht nach und nach etwas Neues, Helles und Lebhaftes. Diesem Veränderungsprozess gebe ich Zeit, indem ich jedes Jahr die Fläche ein bisschen vergrößere. Auf diese Weise haben die Strukturen, die sich neben und auch unterhalb der Birken bilden, die Möglichkeit, langsam zu wachsen. Zu meiner großen Freude ist es auch ein Ort, an dem sich kleine Buchen schon besonders wohlfühlen. Sie bestimmen damit das Ziel der Entwicklung in der übernächsten menschlichen Generation vor. Bis dahin ist es aber noch ein langer Weg, den ich – und hoffentlich auch meine Nachfolger:innen – behutsam begleite.

Ich halte mich übrigens nicht allzu lange damit auf, wieso etwas gerade an diesem Ort so gut funktioniert. Natürlich ist es spannend, das über die Zeit herauszubekommen. Den Weg bereiten und die begonnenen Entwicklungen fördern kann ich aber schon vorher.

In meiner letzten Position als Leiter der Abteilung für Unternehmenstransaktionen (Mergers and Acquisitions) eines großen japanischen Elektronikkonzerns haben mir diese Perspektiven gefehlt. Mein »Reviergang« war von der Tiefgarage in den Aufzug, drei Schritte über den Gang bis in mein Büro. Manchmal auch direkt in die Etage mit den Besprechungsräumen. Auch wenn es dort, wo ich mein Büro hatte, keine Produktionshallen gab, durch die man hätte gehen können, so wäre doch zumindest ein Spaziergang über den Gang, von Abteilung zu Abteilung, eine schaffbare Aufgabe gewesen. Auch hier zeigt sich viel. Wer mit wem zusammensitzt oder vielleicht häufiger in anderen Büros unterwegs ist, welche Stimmung mich erwartet, wenn ich als Führungskraft den Raum betrete, ob Themen an mich herangetragen werden oder die Konversation auf das Nötigste beschränkt wird und eher gezwungen wirkt. Wer weiß, welche Ideen und Erkenntnisse für weitere Entwicklungsprozesse durch die Beobachtungen und Perspektivwechsel entstehen?

Beantworten Sie sich folgende Fragen:

- ▷ Wann haben Sie zuletzt einen »Umweg« zu Ihrem Büro genommen?
- ▷ Wie reagieren Ihre Mitarbeitenden darauf, wenn Sie plötzlich im Raum stehen?
- ▷ Was hält Sie davon ab, jetzt aufzustehen und eine »Revierrunde« zu drehen?

XXI

Der Blick nach oben schärft den Blick nach vorn

Grundlage der jährlichen Waldzustandsberichte ist die Begutachtung der Kronen einzelner Bäume. In fünf Schadstufen (0 bis 4) wird klassifiziert, wie grün – und damit gesund – eine Baumkrone ist. Unabdingbar sind dafür der Blick der Forstleute in die Kronen und die sorgfältige Analyse des Zustands. Der Blick nach oben erlaubt es, mit den gewonnenen Ergebnissen in die Zukunft zu schauen und zu sehen, wie sich die Bestände über die kommende Zeit entwickeln werden. Leider sind die Erkenntnisse aus den aktuellen Waldzustandsberichten eher deprimierend. Unseren Bäumen geht es immer schlechter, weil sie unter den vom Klimawandel verursachten immer ungünstiger werdenden Bedingungen leiden.

Der besondere Schatz dieser Untersuchungen sind aber weniger die Spotlights der aktuellen Jahre, sondern die Langzeitbeobachtungen über regelmäßig vierzig Jahre und mehr. Hierbei wird deutlich, dass uns unsere Wahrnehmung hinsichtlich der Gesundheit unserer Wälder einen Streich spielt. Wie lange denken Sie, geht es unseren Bäumen schon schlecht, weil sie unter den veränderten Umweltbedingungen leiden? Fünf, zehn, fünfzehn, zwanzig oder mehr Jahre? Sie ahnen es: deutlich mehr. Die Erhebungen zeigen, dass im Grunde seit Beginn dieser Untersuchungen jedes Jahr die negative Tendenz des Vorjahres immer noch weiter überboten wurde. Mit anderen Worten: Solange ich mich professionell im Wald bewege – und das sind immerhin auch schon mehr als dreißig Jahre –, ging es dem Wald von Jahr zu Jahr immer schlechter.

Ist das nun ein Trend? Ich wünschte, es wäre so, denn ein Trend ist befristet und wird irgendwann gebrochen. Auch hier kommt wieder die unterschiedliche zeitliche Betrachtung ins Spiel, denn sicherlich wird die Natur in ihrem unnachahmlichen und punktpräzisen *Trial and Error* den bereits begonnenen Transformationsprozess zu einem Abschluss bringen und diejenigen Baumarten, die hierbei die Schnellsten waren, zu den Gewinnern der Klimaveränderungen küren, wenngleich dies allzu menschliche Kategorien sind. Andererseits ist es nur billig und recht, dass wir Menschen zumindest versuchen, das Durcheinander, das wir angerichtet haben, wieder aufzuräumen. Eine Forderung, die uns selbst im Übrigen nicht allzu fremd ist, höre ich mich sie doch selbst immer wieder sagen, wenn ich meine vierjährige Tochter zum Aufräumen ihres Zimmers anhalte.

Was wir Förster:innen nun als unsere Aufgabe erkannt haben, ist, uns über die ganze Welt darüber auszutauschen, an welchen Stellen wir schon vielversprechende globale oder wenigstens regionale Zukunftsbäume oder -baumarten erspähen. So schafft es der Tulpenbaum in den Kraichgau, die Atlaszeder nach Oberbayern und die Traubeneiche immer häufiger an die Seite ihrer ausgezehrten Verwandten, der Stieleiche. Aufgeben ist keine Option, zumal uns dafür unser Beruf zu sehr Berufung ist.

Eine langfristige Entwicklung, die hoffentlich ein Trend ist, zu erkennen, zu bewerten und eine zukunftsfähige Strategie zu entwickeln macht eine gute, weitsichtige und nachhaltige Unternehmensführung aus. Die rechtzeitige Erkenntnis, selbst wenn die Veränderungen noch am fernen Horizont gerade einmal heraufziehen, macht die erfolgreiche Strategieplanung aus. Auch bei unserer Baumartenwahl ist etwas ebenso entscheidend wie bei der strategischen Unternehmensplanung: Mut! Niemand von uns weiß, ob wir in unseren Forstbetrieben mit der Baumartenwahl richtigliegen. Das werden sehr wahrscheinlich erst unsere Nachnachfolger:innen bewerten können. Abwarten ist dennoch keine Option, weil das einer Verwaltung des Verfalls gleichkäme.

Die Investitionen in den Waldumbau erinnern mich in vielen Bereichen an die ersten Planungen und hitzigen Diskussionen bei Strategiesitzungen zum Thema Elektrifizierung des Autoverkehrs vor mehr als zehn Jahren. Wie würde die Verkehrswende aussehen, wann würde sie kommen, und was bedeutet es für unser Unternehmen und unsere Gesellschaft? Wenn wir ehrlich mit uns selbst sind, können wir auch heute diese Fragen nur zum Teil beantworten, weil wir uns noch mitten in einem Veränderungsprozess befinden, der immer wieder neue Impulse bekommt – Stichwort: Rohstoffversorgung zuzeiten der Pandemie – und den wir je nach politischer Großwetterlage mal mehr und mal weniger engagiert vorantreiben. Getrost dem alten Sauerländermotto »Einmal Fichte geht noch« merken wir auch hier eine gewisse Zurückhaltung, wenn es darum geht, den Umbau und eigenen Richtungswechsel konsequent und damit auch unumkehrbar zu vollziehen.

Beantworten Sie sich folgende Fragen:

▷ An welchen Zeichen erkennen Sie, ob es Ihrem Unternehmen gut geht?

▷ Wen bewundern Sie für ihren oder seinen unternehmerischen Mut?

▷ Bei welchem Produkt oder welcher Dienstleistung in Ihrem Unternehmen haben Sie die Wahl, »noch ein letztes Mal« weiterzumachen wie bisher oder jetzt die Richtung zu ändern?

XXII

Alleine geht es nicht

Meine Zuständigkeit endet an meiner Reviergrenze. Alles, was jenseits dieser – ausgedachten – Linie stattfindet, interessiert mich nicht. Diese Gelassenheit, möglicherweise auch Ignoranz, hat uns Forstleuten in der öffentlichen Diskussion über die Jahre die Chancen genommen, unsere Impulse zu gesamtgesellschaftlichen Herausforderungen zu geben.

In den heißesten Tagen des Jahres suchen Menschen Schutz, Schatten und Abkühlung im Wald oder zumindest unter den Blättern der mächtigen Platanen, die vielerorts gerade in Südeuropa als bevorzugte Stadtbäume gepflanzt werden. Als ich für einige Wochen in Rom arbeiten durfte, habe ich im Selbstversuch an den Ufern des Tiber unweit der berühmten Engelsburg getestet, wie hoch der Temperaturunterschied zwischen aufgeheiztem Asphalt und dem vom Mikroklima der Bäume gekühlten Bereich im Schatten war. Es waren bis zu fünfzehn Grad! Auch das ist wieder eine Ökosystemleistung von Bäumen, die nach der Anfangsinvestition der Pflanzung und den Kosten der laufenden Pflege und Unterhaltung uns als Ökodividende täglich gezahlt wird. Gerade diese städtebaulichen Herausforderungen sind ohne eine intelligente Vegetationsplanung nicht zu meistern. Da die Stadtbäume zumindest in Deutschland nach alter Zuständigkeitslogik Sache der Gärtner, also der Grünflächenämter, waren und forstliche Expertise an Bauhochschulen auch in der Wissenschaftslandschaft keinen festen Platz hat, war unsere

Expertise zu (Klein-)Waldökosystemen allerhöchstens bei zufälligen Begegnungen oder durch persönliches Engagement der Kolleg:innen gefragt.

Unsere niederländischen Nachbarn sind uns hier deutlich voraus, da hier aus naheliegenden Gründen Wald und Besiedelungen fließend ineinander übergehen. Die Veluwe als größtes zusammenhängendes Waldgebiet der Niederlande mit ihren Kiefernmischwäldern wurde zum Beispiel vor allem als Erosionsschutz des sandigen Geestbodens angelegt. Aufgrund dieser Offenheit haben daher auch einige niederländische Kolleg:innen einen großen Wissensvorsprung in der neuen forstlichen Fachdisziplin Urban Forestry. In einigen Großstädten, in denen sich die Verwaltungen den Luxus allzu großer Verästelungen und damit Zerfaserung der Zuständigkeiten nicht leisten können, sind Forstleute mit ihrer Expertise nah am Geschehen. Wenn es aber in die Fläche geht, hört der forstliche Input leider immer noch an der Stadtgrenze auf. Städtischer Gemeindewald ist hier oft die löbliche Ausnahme. Ökosysteme kennen keine Zuständigkeitsgrenzen, weswegen wir Ökosystemherausforderungen nur ganzheitlich lösen können.

Wer ist in Ihrem Unternehmen denn für ESG (Environment, Social, Governance) zuständig? Diese Fragen werden Sie sicher mit einem Blick auf Ihr Organigramm beantworten können. Viel interessanter, aber auch schwieriger ist die Antwort auf die Frage, wer sich denn in Ihrem Unternehmen damit wirklich beschäftigt, wer also täglich Probleme zu lösen hat, die entweder Input für den Bereich ESG liefern oder denen fachliche Expertise aus diesem Bereich zur Lösung guttäte? Nachhaltigkeit geht uns alle an, wodurch sich bei diesem Thema scharfe Zuständigkeitsgrenzen verbieten. Ein Blick über den Tellerrand und ein fachlicher Austausch sind hier die Schlüssel zum Erfolg. Nehmen Sie beispielsweise die nachhaltige Finanzierung eines Unternehmens. Schon mittelfristig wird eine starke und glaubhafte Nachhaltigkeitsstrategie zu besseren Konditionen bei der Refinanzierung von Unternehmen führen. Eine unternehmerische Nachhaltigkeitsstrategie also strikt an technischen Vorgaben auszurichten, die möglicherweise hauptsächlich vom Input der Produktion gespeist werden, kann hier schon nicht nur am Ziel der nachhaltigen und damit dauerhaft günstigeren Finanzierung vorbeischießen, sondern es regelrecht komplett verfehlen. Noch dramatischer ist es, ESG und Nachhaltigkeitsstrategie in der Marketingabteilung zu verorten. *Breaking the Silos* ist eine der wichtigsten Prämissen der Nachhaltigkeit. Sie beschreibt am trefflichsten, dass Nachhaltigkeit eben kein Fachthema nur einer Abteilung ist, sondern querschnittlich und Aufgabe und Auftrag aller, vor allem aber der Führungskräfte.

Wer nicht den Anschluss verlieren oder gar absichtlich Silos in seiner Organisation betonieren möchte, braucht Interaktion und Kommunikation. Auch hier gilt wie in anderen Bereichen des Marktes, wenn Sie es nicht tun, werden es andere für Sie oder statt Ihrer tun. Einzelkämpfertum ist gerade in Systemen, die auf Zusammenarbeit aufbauen, nicht systemerhaltend, sondern sogar systemzerstörend. Deshalb kennen Ökosysteme solch eine Rolle nicht. Selbst die individualistischsten Lebewesen, wie beispielsweise die Luchse, die sogar um ihre Artgenossen einen großen Bogen machen, sind keine Einzelkämpfer, da auch sie als Prädatoren eine Funktion im Ökosystem übernehmen, ohne die das System zumindest schlechter laufen würde.

Beantworten Sie sich folgende Fragen:

- Mit wem in Ihrer Organisation teilen Sie Ihre Ideen und Visionen?
- Mit wem außerhalb Ihrer Organisation tun Sie dies?

- An welcher Stelle in Ihrem Unternehmen haben Sie Silos?
- Was, glauben Sie, denken die Kolleg:innen im anderen Gebäude oder auf dem Flur unter Ihnen über Ihr tägliches Tun? Könnten Sie andersherum auch genau beschreiben, was diese Kolleg:innen täglich für Ihr Unternehmen tun und welche Herausforderungen sie dabei haben?

XXIII

Live Hacks

Wie Heuristiken das Leben erleichtern, ohne alles der Intuition zu überlassen

Ein Stock in Armlänge, der eigene ausgestreckte Arm, ebene Fläche und ein einigermaßen geübtes Auge, so entsteht mithilfe des praktisch angewendeten Strahlensatzes das Försterdreieck, um die Höhe eines Baumes ohne elektronische Hilfsmittel zu bestimmen. Pi mal Daumen hilft – fast –, den Durchmesser eines Baumes zu bestimmen. Die Handspanne, der Abstand zwischen den Spitzen des abgespreizten Daumens und Zeigefingers, geteilt durch π, ergibt den Maßstab für die Abmessung des Baumdurchmessers auf 1,30 Meter (sogenannter Brusthöhendurchmesser).

Jahrelange Beobachtungen, statistische Erhebungen und Erfahrungen münden in Ertragstabellen, die eine komplexe Ökosystemleistung wie den jährlichen Holzzuwachs in Zahlen und damit Entscheidungshilfen für die Bewirtschaftung umwandeln. Trotz eines erfreulichen Anstiegs digitaler Lösungen in der Forstwirtschaft und ihrer Förderung macht die – digitale – Abgeschiedenheit den Beruf gerade aus. Nicht überall erreichbar zu sein hat seine Vorteile. Es gibt Bereiche in meinen Revieren, in denen dürfte mir nichts zustoßen, weil ich mir selbst keine Hilfe holen könnte, die Netzabdeckung in den Wäldern ist noch zu löchrig. Deshalb funktionieren auch digitale Lösungen, die eines Onlinezugangs bedürfen, nicht überall. Wenn also eine App zur Baumhöhenbestimmung nicht funktioniert, vielleicht weil einfach der Akku leer ist, so bleibt mir immer noch mein Försterdreieck. Hinzu kommt außerdem noch die Genugtuung, mit einfachsten Hilfsmittel ein turmhohes Problem gelöst zu haben.

Im Unterschied zu den berüchtigten Bauchentscheidungen, von denen wir seit dem epochalen Werk von Daniel Kahnemann wissen, dass sich der Bauch nicht nur häufig verrechnet, sondern uns auch ein schlechter rationaler Ratgeber ist, sind Heuristiken Abkürzungen, die wir vorher trainiert und ausprobiert haben. Sie verbinden damit zwei für unsere Entscheidungen günstige Eigenschaften, nämlich Schnelligkeit und Präzision.

Nehmen Sie beispielsweise die spannende und durchaus herausfordernde Bewertung eines Unternehmens, das Sie kaufen möchten. Marktstandard ist das Deferred-Cashflow-Verfahren, mit dem die Ertragskraft des Unternehmens dessen Wert bestimmt. Basis dieser Bewertungsmethode sind Businesspläne der kommenden fünf, oft sogar zehn Jahre. Allein diese zu erstellen, ohne in allzu euphorische Planungen mit exorbitanten Gewinnsteigerungen zu verfallen, ist eine planerische Herausforderung, die nicht aus dem Bauch heraus getroffen werden kann und auch auf gar keinen Fall werden sollte. Trotzdem ist es allzu verlockend, schnelle und einfache Lösungen auf die drängende Frage zu erhalten, was das Unternehmen denn nun wert ist. Auch hierfür gibt es spannende Heuristiken, die in der Praxis oft erstaunlich nah an der Wirklichkeit sind, die sogenannten Multiples oder Multiplikatoren. Die Überlegung ist so simpel wie effektiv: Suchen Sie sich eine einfach zu bestimmende Kennzahl aus, beispielsweise den Umsatz oder den Gewinn vor Steuern. Dann multiplizieren Sie diese Zahl mit einem Faktor, der oft auf Werten vergangener Transaktionen beruht. Schwupps, haben Sie den lang ersehnten Wert. Da es sich um eine einfache Multiplikation handelt, haben Sie diese Rechnung genauso schnell im Kopf erledigt, wie Ihnen Ihr Bauch einen Wert »zugerufen« hätte. Gerade bei der Betrachtung komplexerer Zusammenhänge, wie eben auch des Klimawandels, ist es ratsam, spontanen Eingebungen oder auch spontanen Erinnerungen weniger Raum zu geben und lieber wie beim Försterdreieck ein paar Schritte zurückzugehen. Wie war das Wetter vor genau einer Woche? Wie war das Wetter vor einem Monat? Wie war das Wetter gestern? Sicherlich haben Sie Bilder im Kopf, ob die aber wirklich so stimmen? Ausgenommen, Sie sind gerade in einer Schneefront gefangen, die Ihnen allmorgendlich frühes Aufstehen beschert, um den Bürgersteig von Schneemassen zu befreien, dann werden diese Bilder wohl eher Näherungswerte sein, weil unser Erinnerungsvermögen kein »revisionssicherer« Speicherort ist, sondern sich am Ende das heraussucht, was stimmig erscheint, irgendwie passt, eine schlüssige Geschichte ergibt oder auch nur Erfahrungswerten oder sogar Wunschvorstellungen entspricht.

Bei der Klimaanalyse gibt es nun leider wenige Heuristiken, sicher aber die Erkenntnis, dass uns Gefühle darüber, wie schlimm oder weniger schlimm bestimmte Entwicklungen sind, leider nicht weiterhelfen. Selbst im Revier meines ostwestfälischen Heimatortes kann ich nicht mehr in jedem Bestand sagen, wie er vor dreißig Jahren aussah. Manchmal verwechsele ich die Orte sogar.

Als Produkt einer Schülerprojektwoche Anfang der 1990er-Jahre haben wir in der zwölften Klasse ein Feuchtbiotop angelegt, eigentlich haben wir ein großes Loch gegraben, das am Ende dann per Feuerwehrauto mit Wasser geflutet wurde. Noch heute streife ich an diesem Ort vorbei und rätsele, wo er war und was daraus geworden ist. An einigen Stellen haben sich tatsächlich in den letzten Jahrzehnten veritable Oasen für Amphibien und Insekten entwickelt. Meine Vermutung ist allerdings, dass es eher das kleine Bächlein war, das sich in steter Beharrlichkeit einige Bereiche zurückerobert hat, und weniger unser Aktionismus von damals.

XXIV

Wieso bist du eigentlich Förster:in geworden?

Das ist eine im Grunde einfache Frage, die gerade in Veränderungsprozessen in großen Forstverwaltungen, die ich begleiten darf, viele sichtbar auf eine Zeitreise schickt. Eine Zeitreise, bei der sie oft nicht lange in sich hineinfühlen müssen, um die unter langen Jahren der Schreibtischtätigkeit vergrabene Motivation wieder zutage zu fördern, das, was ehedem die Wahl des schönsten Berufs der Welt damals beeinflusst hat. Bei den allermeisten war und ist es noch eine Entscheidung des Herzens. Eine Entscheidung dafür, Dinge, die mir Freude machen, wie die Arbeit an der frischen Luft, das Beschäftigen mit der Natur und ihren vielen kleinen Wundern und vor allem die Abwechslung mit der Notwendigkeit zu verknüpfen, aus eigener Kraft für seinen Lebensunterhalt sorgen zu können.

Genauso war es bei mir auch. Geprägt durch meine Familie, habe ich als Kind viel Zeit im Wald verbracht. Ein Spielplatz, der jeden Tag anders war und mir immer wieder neue Möglichkeiten bot, mich und meine Fähigkeiten auszuprobieren. Hier konnte ich auch einmal für mich sein und mich einfach treiben lassen. Der Geruch von Waldboden und das Gefühl, eine Handvoll zu nehmen und sehen zu können, wie einzelne Schichten erkennbar waren, von sichtbaren Blättern über zerfaserten bis hin zu frischem Humus. So zeigten sich mir biologische Prozesse, noch bevor ich überhaupt wusste oder gelehrt bekam, was das war.

Mich persönlich hat hierbei von Beginn an das Arbeiten mit der Natur gereizt, weswegen ein reines Biologiestudium, um die Zusammenhänge, die ich beobachtet hatte, zu verstehen, nichts für mich gewesen wäre. So hatte ich dann auch meine beste Note in Biologie in der zehnten Klasse, als es um das Thema Wald ging. Schon damals war für mich klar, dass ich Förster werden wollte. Jede Schulferien verbrachte ich in unterschiedlichsten Revieren, um noch einmal die Vielfältigkeit dieses Berufs kennenzulernen. Auch der damals strenge Numerus clausus, der noch einmal deutlich schärfer war als in Medizin, wäre für mich kein Hindernis gewesen. So standen alle Zeichen auf Förster.

Dann habe ich das erste Mal gespürt, welche Auswirkungen organisatorische Veränderungsprozesse auf persönliche Lebensentwürfe haben können. Mitte der 1990er-Jahre wurden im Zuge einer großen Struktur- und Verwaltungsreform viele Forstämter zusammengelegt, Revierzuständigkeiten neu geordnet und in der Folge viele Stellen in den Forstverwaltungen gestrichen. Die Möglichkeiten, nach dem anspruchsvollen und langen Studium inklusive Vorbereitungsdienst und großer forstlicher Staatsprüfung dann auch dereinst im erlernten Traumberuf arbeiten zu können, waren um ein Vielfaches geringer als noch einige Jahre zuvor. So führte mich mein Weg dann zunächst zur Juristerei, wo ich immer auch mal forstliche Akzente setzen konnte und beispielsweise der bisher einzige juristische Referendar des Hamburger Forstamts war, über Aufgaben im internationalen Management großer Konzerne schließlich doch wieder in den Wald. Wer den Wald einmal im Herzen trägt, wird ihn – zum Glück – nicht wieder los. Diese Infektion ist nicht heilbar.

Dank der mittlerweile bestehenden internationalen Vernetzung von Hochschulen und Universitäten konnte ich im Ausland, nämlich im walisischen Bangor, meine forstlichen Kenntnisse auch mit einem Hochschulabschluss krönen und verbinde nun all meine Erfahrungen und Kenntnisse in meinem eigenen Unternehmen. Führungskräften aus allen Branchen bringe ich in meinen MasterClasses zu nachhaltiger Führung im Wald das Thema Nachhaltigkeit auf besonders eindrucksvolle und prägende Weise näher. Der Wald ist mein Seminarraum. Vieles, was Sie bisher in den vorangegangenen Kapiteln gelesen haben, ist aus diesen MasterClasses entstanden und bildet heute noch das Grundgerüst meiner ganz besonderen und individuellen Führungskräftefortbildung jenseits steriler Konferenz- und Seminarräume. Fragen Sie doch das nächste Mal, wenn Sie eine:n Förster:in sehen, was deren Motivation für den schönsten Beruf der Welt gewesen ist!

XXV

Was wir wirklich voneinander lernen können und sollten

Statt eines Nachworts

Sie sind mit mir auf eine Reise durch die Welt der Wälder und des weltweiten Business gegangen. Es ist auch wesentlich meine ganz persönliche Reise, bei der mir der Vergleich beider vermeintlich so verschiedener Welten immer wieder in schwierigen Situationen geholfen hat, meine Umgebung genauer zu betrachten und am Ende – wie ich hoffe – bessere Entscheidungen zu treffen, als nur in *einer* dieser Welten zu verharren. Wandel und Veränderung haben von Beginn an mein Berufsleben bestimmt. Dieser Wandel hat mich mit vielen interessanten und inspirierenden Menschen zusammengebracht, die ich ohne die Veränderungen und die damit oft verbundenen Ortswechsel wahrscheinlich nie kennengelernt hätte.

Auch nach den unterschiedlichsten Veränderungsprozessen, die ich selbst mit meinen Abteilungen oder mit meinen Klient:innen durchlebt und begleitet habe, spüre ich jedes Mal den ganz natürlichen Impuls, dass Veränderungen immer auch ein bisschen Unsicherheit und damit vielleicht sogar Angst vor dem Unbekannten auslösen. Stellen Sie sich bitte diesem Gefühl. Es zeigt Ihnen, dass Sie die Situation bewusst erleben und wahrnehmen. Nutzen Sie die damit verbundene Energie, um sich auf den Weg zur Gestaltung von etwas Neuem, vielleicht noch Unbekannten zu machen. Schauen Sie dabei vor allem weit in die Zukunft und in die Ferne, und nehmen Sie gelassen an, was uns Förster:innen täglich vor Augen steht: Wir werden bei den meisten Veränderungen nicht erleben, was am Ende herauskommt, und unser ganz persönlicher Anteil ist letztlich deutlich geringer, als wir meinen, weil wir immer auch mit einem (Öko-)System interagieren. Dennoch haben wir und nutzen wir die Möglichkeit, unsere eigenen Impulse für die kommenden Generationen zu setzen. Wenn Sie dies auch in Ihrem Unternehmen tun und sich selbst und Ihre Bedeutung für das Ganze hier ein wenig zurückstellen, dann haben Sie einen riesigen Schritt in Richtung Nachhaltigkeit getan und sind Nachhaltigkeitspionier:in.

Viel Freude und Erfolg dabei!

Danksagung

Am Entstehen eines Buches sind immer viele Menschen beteiligt. Die meisten werde ich vermutlich selbst gar nicht kennen oder kennenlernen, wenn sie die Druckbögen kontrollieren oder die Bücher zur Auslieferung verpacken. All diesen fleißigen und an Bücher glaubenden Menschen gilt mein tiefer Dank. Bei all jenen, die ich namentlich nennen kann, stehen sicher Yvonne und ihr Vater Wolfgang sowie Henry ganz oben auf der Liste. Ihre Begeisterung und ihr Zuspruch schon nach den ersten Seiten, die sie gelesen hatten, hat mich ermutigt, aus den ersten Gedanken dieses Buch entstehen zu lassen. Der oekom verlag hat mir die Ehre zuteilwerden lassen, mit den Großen der Nachhaltigkeit in einem Verlagskatalog erscheinen zu dürfen. Meinem Lektor Clemens und dem Team des oekom verlags gilt daher auch mein ausdrücklicher Dank dafür, mein Buch ins Verlagsprogramm aufgenommen zu haben. Meinen Försterkolleg:innen Anne-Sophie, Stefanie und Stephan danke ich für den steten und lebhaften Austausch zu meinen Ideen und Bildern. Widmen möchte ich dieses Buch meiner Tochter Mathilda, die einige meiner Projekte und Ideen für unseren Wald dereinst vielleicht einmal mithilfe dieses Buches betrachtet.